普 通 高 等 学 校 服 装 与 服 饰 系 列 教 材

FUZHUANG
ZHIYANG SHEJI

服装纸样设计

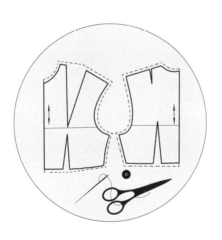

吴永红　江　潞　编著

西南大学出版社
SWUP
国家一级出版社　全国百佳图书出版单位

图书在版编目（CIP）数据

服装纸样设计 / 吴永红, 江潞编著 . — 重庆 : 西南大学出版社, 2023.11
ISBN 978-7-5697-2029-7

Ⅰ . ①服… Ⅱ . ①吴… ②江… Ⅲ . ①服装设计—纸样设计—高等学校—教材 Ⅳ . ①TS941.2

中国国家版本馆 CIP 数据核字（2023）第 204226 号

服装纸样设计

FUZHUANG ZHIYANG SHEJI

吴永红　　江潞　编著

选题策划: 龚明星
责任编辑: 邓　慧
责任校对: 徐庆兰
装帧设计: 殳十堂_未　氓
出版发行: 西南大学出版社（原西南师范大学出版社）
地　　址: 重庆市北碚区天生路 2 号
邮政编码: 400715
本社网址: http://www.xdcbs.com
网上书店: https://xnsfdxcbs.tmall.com
电　　话:（023）68860895
排　　版: 黄金红
印　　刷: 重庆亘鑫印务有限公司
幅面尺寸: 210 mm × 285 mm
印　　张: 7.5
字　　数: 251 千字
版　　次: 2023 年 11 月第 1 版
印　　次: 2023 年 11 月第 1 次印刷
书　　号: ISBN 978-7-5697-2029-7
定　　价: 55.00 元

PREFACE

前言

转型发展中的服装产业，既需要掌握服装理论知识、具有款式设计能力的人才，更需要熟知纸样设计原理并能综合应用的技术型人才。服装纸样设计是高等院校服装工程及服装设计专业的专业理论和技能课程之一，该课程旨在使学生系统地掌握服装纸样设计的原理及其应用，使设计的服装款式转化为纸样图，也即裁剪图，为工艺制作做好准备。本书是基于服装纸样设计课程的教学规律撰写的，以理论够用且通俗易懂为原则，对服装纸样设计的基本原理做了扼要的分析与归纳，侧重于实践应用。本书介绍了人体结构与服装构成的关系，纸样规范制图，服装号型规格，裙、裤、衣身、领和袖的纸样设计原理与应用，以及整装纸样设计案例，男装的基本纸样设计原理与设计案例。总之，本书主要介绍了基本服装品类的纸样设计，并适当增加了一些新品类服装的纸样设计内容，使图书内容更加贴近实际。

本书作者均为高校服装专业的一线教师。全书文字整理、图片最终整理均为吴永红，第一、第二、第三章由江潞编写，第四、第五、第六、第七、第八、第九章由吴永红编写。本书服装效果图和部分款式图由冯巧绘制，部分结构图和部分款式图由成方超绘制，卢思静参与本书部分图片的整理工作，熊志鹏参与本书服装效果图的绘制和修改工作，他们的参与使本书增色不少，深表感谢。

本书的完成还得益于东华大学继续教育学院的张艺老师和王家喜老师，我们在编写的过程中，借鉴了他们实战经验积累下的服装版型，在此一并表示感谢。

本书既适合作为高等院校服装专业学生的教材，也适合服装爱好者及服装企业技术人员使用。

目 录

CONTENTS

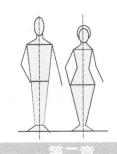

第二章
人体特征及服装号型规格

第一节　人体特征　|　12
第二节　服装号型规格　|　17
第三节　服装规格设计　|　28

第一章
绪论

第一节　服装纸样设计的地位和作用　|　2
第二节　服装纸样制图基本概念及术语　|　3
第三节　服装纸样制图工具与符号　|　6

第四章
裤子纸样原理与设计

第一节　裤子松量设计　|　38
第二节　裤子基本纸样　|　38
第三节　裤子的纸样设计　|　40

第三章
裙子纸样原理与设计

第一节　裙子的基本纸样　|　30
第二节　裙子的纸样设计　|　31

第六章
领子纸样原理与设计

第一节　领子的构成原理及分类　|　60
第二节　基本领型的纸样设计　|　61
第三节　其他领型　|　69

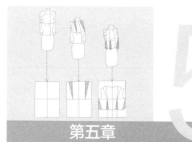

第五章
衣身纸样原理与设计

第一节　衣身基本纸样　|　48
第二节　衣身省移原理及设计　|　51
第三节　衣身其他部位纸样设计　|　57

第八章
整装纸样设计

第一节　款式特点与纸样设计　|　84
第二节　整装纸样设计　|　84

第七章
袖子纸样原理与设计

第一节　袖子的分类　|　72
第二节　袖子的构成原理　|　72
第三节　袖子的纸样设计　|　74

第九章
男装纸样原理与设计

第一节　男装基本型　|　98
第二节　男装主要品类纸样设计　|　100

参考文献　|　113

服装纸样设计

第一章
绪论

第一节　服装纸样设计的地位和作用

一、什么是服装纸样设计

服装纸样（pattern）设计也被称为服装结构设计。

服装纸样设计是研究以人为主体的服装，以及其平面分解和立体构成之间的关系、规律和方法，是立体服装的平面表达，是装饰与功能性设计的统一。它涉及人体工程学、服装材料学、服装卫生学、服装生产工艺学、服装款式设计等多方面的知识，是艺术与科技相互融合、理论与实践相互结合的实践性较强的学科。现代服装纸样设计体系可以说是款式设计的延伸和发展，是对服装各部位之间的关系组合进行设计，也是工艺设计的准备和基础，具有承前启后的作用，是服装工业标准化的必要手段，是达到服装设计者设计意图的积累和媒介。

二、服装纸样设计发展简史

服装纸样设计是随着服装产业化发展而迅速发展起来的。

远古时期，人类认识到通过骨针把兽皮和树叶等缝制成保护身体及取暖的原始的衣物雏形。氏族社会时期，石质和陶制的纺轮出现，人类开始用植物纤维纺线织布，从而出现了布帛的服装，这些服装在结构上属于将人体简化为可展的类平面结构，还不能恰当地剪裁以制成合体的衣服。后来欧洲人发明了名为"豪佩兰德"的紧身裤以及名为"布利奥"的紧身胸衣，由此服装开始趋向贴身、合体，其裁剪技术发展到将人体体表视作不可展曲面的立体构成阶段。世界上第一本记载服装结构制图公式与排料图的书籍是1589年在西班牙出版的由贾·德·奥斯加所著的《纸样裁剪》，服装结构制图也开始由简单地依靠经验进入数学推理的规范化阶段。到了1871年，《绅士服装的数学比例和结构模型指南》出版，该书进一步提升了服装结构制图的科学性，从而将服装纸样设计纳入了近代科学技术的轨道。从毫无结构可言的缠绕披挂式的原始服装，到款式多变的现代服装，由以往简单的连接成型发展成比较精湛的缝制工艺，由粗糙简陋的廓形发展成造型严谨而适体的服装，人们对服装及其结构的认识，经历了一个由感性到理性的漫长过程。

然而，最初纸样的出现并不是为服装工业化生产服务的。在19世纪初，欧洲的妇女崇尚巴黎的高级时装，但昂贵的价格不是人人都能承受的，服装纸样就在这个时候应运而生，一些时装店的商人把时髦的服装复制成纸样出售，由此纸样成了一种商品。1850 年，英国的《时装世界》杂志也开始刊登各种时装的裁剪图样，有效地促进了服装工业化进程。1897 年以后，工业化的手工操作及缝纫机械的出现提高了服装产品的质量和产量，使得工业化生产方式得以实现。随后，分工日益细化，出现了专门的设计师、打板师、裁剪师、缝纫工等，生产的批量化和过程的标准化使得服装结构设计在服装产业中起到了十分重要的作用。

近百年来，我国的服装工作者引入西方的服装设计制作技术，经历了引进、吸收、消化、改进、提高的过程，使服装设计制作技术逐步在西式裁剪技术基础上发展起来，并形成了比较符合中国国情的服装纸样设计方法。我国的服装教育体系起步比较晚，20 世纪 80 年代初期，服装才成为一种专业被纳入高等教育的轨道，服装纸样设计成为高等院校服装专业的必修课程。改革开放以来，随着我国服装产业的迅速发展，服装纸样设计越来越得到重视，其知识结构逐渐得到充实，理论和实践的严密、合理得到深化。随着电子计算机技术的发展，服装工业的技术也随之得到迅速发展。如人体体型数据采集、纸样设计、样板缩放、排料等都采用了省工省时、效率高的先进设备——计算机。计算机辅助服装款式造型设计系统、色彩设计系统、二维三维的纸样设计系统、自动排料系统等新技术的采用，使得服装业得到迅猛的发展。这些技术，从理论和实践上都大大地丰富了课程的知识结构，体现了当代服装设计的科技水平。

三、服装纸样设计的地位和作用

服装设计是一个总称，是设计者将构思变成服装成品的总过程。完整意义上的服装设计由款式造型设计、结构设计、工艺设计三大部分组成并互为作用。服装纸样设计是在审视服装效果图、服装款式图（款式造型设计）之后，将造型设计所确定的立体形态的服装整体造型和细部造型分解成平面的衣片，揭示出服装细部的形状、数量相吻合的整体和细部的组合关系，是服装设计构思的具体化过程。纸样设计又为服装后期的制作即工艺设计提供规格齐全、结构合理的系列样板，为部件的吻合和各层材料的形态配备提供必要的参考，是服装构思的具体化也是加工生产的前期准备。因此，服装纸样的合理性不仅会影响服装的美观和舒适程度，还会对服装加工和制作产生影响。服装纸样设计在整个服装工程系统中起着承前启后的作用。

同时，服装纸样设计是高等院校服装工程及服装设计等专业的专业理论和技能课程之一。学生通过课程的学习能熟悉人体的特征及其与服装造型的关系，掌握不同年龄、性别、体型差异所造成的服装结构的不同，以及功能性和装饰性在结构上的配伍，并学会如何审视服装效果图，从而提高分析服装结构与打板的能力。通过实践，能培养学生的设计能力和动手能力，让学生能系统地掌握服装结构的内涵。

第二节　服装纸样制图基本概念及术语

服装名词术语是服装纸样设计制图中的专门用语，不同的地区使用的服装名词术语不同会给服装生产和技术推广等带来困难，因此统一名词术语是十分必要的。2008 年，《服装术语》（GB/T 15557—1995）修订，形成了《服装术语》（GB/T 15557—2008）。下面对一些基本概念和常用的术语进行介绍。

一、部分基本概念

1. 服装轮廓（silhouette）

服装轮廓即服装的逆光剪影效果。轮廓是服装流行发展中的一个重要因素，它是服装款式造型的第一视觉要素，在服装款式设计时是首先要考虑的因素，其次才是分割线、领型、袖型、口袋型等内部的部件造型。

2. 款式设计图（working sketch）

款式设计图是指体现服装款式造型的平面图。这种形式的设计图是服装专业人员必须掌握的基本技能，由于它绘画简单，易于掌握，因此是行业内表达服装样式的基本方法。

3. 服装效果图（fashion drawing）

服装效果图是指表现人体在特定时间、特殊场所穿着服装效果的图。服装效果图通常包括人体着装图、设计构思说明、采用面料说明及简单的财务分析。

4. 服装结构（garment construction）

服装结构是由服装的功能和具体造型而决定的。从材料层次上结构可分为面料、里料、衬料、填料、胆料五个部分。从总体上来讲，服装结构就是各种材料、各个部件的形状和组合关系，包括各个部位外部轮廓线之间的拼合关系、内部结构线、各层之间的组合关系。

5. 结构制图（cutting illustration）

结构制图是将指定的服装款式，以人体体型、服装规格、服装材料质地性能和工艺要求为依据，结合人体穿衣的动、静及舒适要求，运用一定的计算公式、变化原理，把服装整体结构分解为基本部件，在纸上或在面料上画出服装衣片和零部件的平面结构图。

6. 基础线（basic line）

基础线是结构制图过程中使用的纵向和横向的基础线条。常用的上衣横向基础线有基本线、衣长线、落肩线、胸围线、袖窿深线等；纵向基础线有止口直线、劈门线等。常用的下装横向基础线有基本线、裤长线、横裆线等；纵向基础线有侧缝直线、前裆直线等。

7. 轮廓线（outline）

轮廓线是构成成型服装或服装部件的外部造型的线条。

8. 结构线（construction line）

结构线是服装图样上，表示服装部件裁剪、缝纫结构变化的线条。结构制图上的线根据粗细分为两大类：一类是细线，包括制图辅助线、尺寸标注线、等分线等；另一类是粗线，表示裁剪制作的结构线。根据国家标准，细线的粗细为 0.2 mm ～ 0.3 mm；粗线的粗细为 0.6 mm ～ 0.9 mm。

二、部位术语

1. 门襟、里襟（closure、under fly）

门襟、里襟在人体中线部位，锁扣眼一侧的衣身部位为门襟，钉扣一侧的衣身部位为里襟。

2. 止口（front edge）

止口也叫门襟止口，是指成衣门襟的外边沿。

3. 搭门（overlap）

搭门指门襟与里襟叠在一起的部位。

4. 驳头（lapel）

驳头是门襟、里襟上部向外翻折的部分。

5. 驳口（roll line）

驳口是驳头翻折的部位，驳口线也叫翻折线。

6. 袖窿（armhole）

袖窿也叫袖孔，是上衣大身装袖的部位。

7. 袖山（sleeve top）

袖山是袖片上呈突出状，与衣身的袖窿处相缝合的部位。

8. 胸围（bust）

胸围是指衣服胸部最丰满处。

9. 腰节（waist）

腰节是指衣服腰部最细处。

10. 肩缝（shoulder seam）

肩缝是肩膀处连接前后肩的部位。

11. 前过肩（front yoke）

前过肩是连接前身与肩缝合的部件，也叫前育克。

12. 后过肩（back yoke）

后过肩是连接后身与肩缝合的部件，也叫后育克。

13. 背缝（center back seam）

背缝又叫背中缝，是指后身人体中线位置的衣片合缝。

14. 上裆（crotch depth）

上裆又叫直裆或立裆，指腰头上口到横裆间的部位。

15. 烫迹线（crease line）

烫迹线是表示前后裤片烫迹的基础线，与裤子基本线垂直。

16. 横裆（crotch）

横裆是指上裆下部的最宽处，对应于人体的大腿围度。

17. 中裆（knee）

中裆是指人体膝盖附近的部位，一般为臀围线到裤脚口的二分之一处。

18. 省（dart）

省是为了符合人体曲线而设计的，是将一部分衣料缝去，做出符合人体的曲面或者消除衣片的浮余量的不平整部分。省由省道和省尖组成，省指向人体的凸起部位。根据省所在的位置，被称为胸省、肩省、腰省等。

19. 裥（pleat）

裥是指为适合体型及满足造型需要在裁片上预留出的宽松量，通常经熨烫定出裥形，在装饰的同时增加可运动松量。

20. 褶（pleat）

褶是为符合体型和满足造型的需要，将部分衣料缝缩而形成的自然褶皱。

三、纸样制图术语

1. 前后裙片

图 1-1 是前后裙片的基础线和结构线。

2. 前后裤片

图 1-2 是前后裤片的基础线和结构线。

3. 前后衣身

图 1-3 是前后衣身的基础线和结构线。

4. 袖子

图 1-4 是袖子的基础线和结构线。

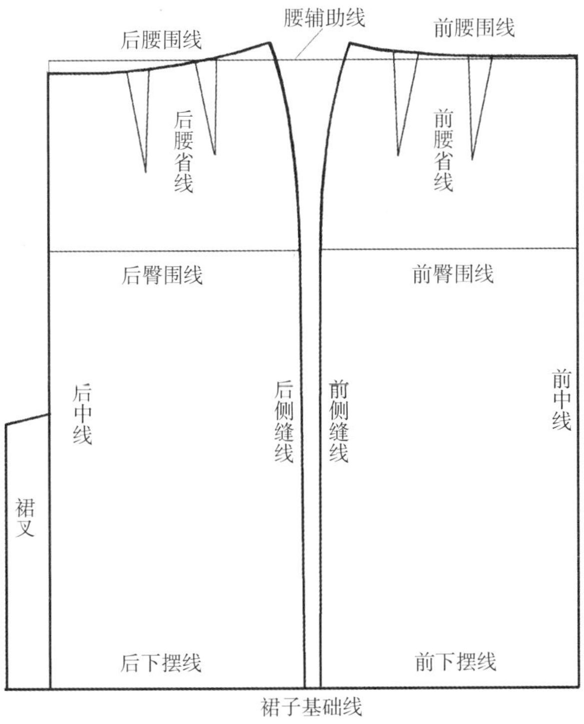

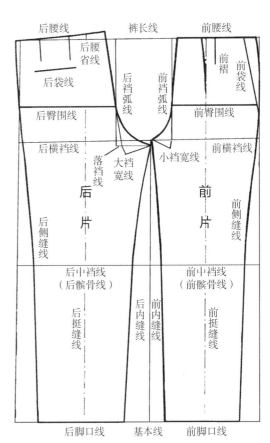

图 1-1 前后裙片

图 1-2 前后裤片

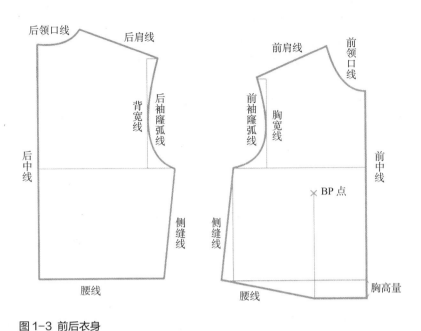

图1-3 前后衣身

图1-4 袖子

第三节 服装纸样制图工具与符号

一、制图工具

1. 笔

在制图中常用的笔有：铅笔、绘图墨水笔、蜡铅笔、描线笔、划粉等。

铅笔常用的型号为2H、H、HB、B和2B等。H型号主要用于辅助线和基础线的绘制，B型号用于结构线的绘制，可根据制图需要进行选择。蜡铅笔可用于特殊标记的复制，如省尖、袋位等。划粉主要用于把纸样复制到面料上。

图1-5 制图工具

2. 尺

纸样制图中常用的尺有：直尺、三角尺、曲线尺、软尺、比例尺等。直尺和三角尺是主要的制图工具，用于绘制直线等；曲线尺主要用于绘制袖窿、袖山、侧缝、裆缝等的弧线；软尺是可以任意弯曲的尺，一般用来

测量直尺不能测量的弧线的长度；比例尺是用来按一定比例缩小或放大绘制结构图的尺子，方便尺寸的计算。

3. 其他工具

剪刀也是常用的工具之一，剪布的剪刀注意要与剪纸样的剪刀分开使用。此外还有锥子、圆规、描线器、打孔器等工具。锥子用于纸样的定位，钻孔作标记；圆规用于缩小制图练习或者较精确的设计；描线器用于纸样复制。（图1-5）

二、制图代号

为了使图纸的图面清晰，在一些部位我们常使用部位代号。所谓部位代号即取该部位的英文名称的首位字母，常用的服装部位代号如表 1-1 所示。

三、制图规则

服装制图中图纸的大小、制图比例、图线、字体、尺寸标注、图纸布局、计量单位等技术特征必须符合标准，才能使制图规范化。参照《服装制图》（GB/T 29863—2023），在做各类服装制图时，一般有如下规定：

1. 制图顺序

一般在制图的时候，我们采用先前衣片，后后衣片；先长度线，后围度线；先基本线，后结构线，再轮廓线的顺序。

2. 制图尺寸

服装结构制图（包括技术要求和其他说明）的尺寸，一律以厘米为单位。

3. 图纸布局

图纸标题位置应在图纸的右下角。服装款式图位置应在标题栏的上面。服装及其零部件的制图位置应在服装款式图的左边。

表 1-1　纸样制图部位代号

中文	英文	代号	中文	英文	代号
胸围	Bust Girth	B	衣长	Length	L
胸围线	Bust Line	BL	前衣长	Front Length	FL
腰围	Waist Girth	W	后衣长	Back Length	BL
腰围线	Waist Line	WL	前中心线	Front Center Line	FCL
胸点	Bust Point	BP	后中心线	Back Center Line	BCL
颈肩点	Side Neck Point	SNP	前腰节长	Front Waist Length	FWL
颈前点	Front Neck Poini	FNP	后腰节长	Back Waist Length	BWL
颈后点	Back Neck Point	BNP	前胸宽	Front Bust Width	FBW
肩端点	Shoulder Point	SP	后背宽	Back Bust Width	BBW
领围	Neck Girth	N	肩宽	Shoulder	S
前领围	Front Neck	FN	裤长	Trousers Length	TL
后领围	Back Neck	BN	前裆	Front Rise	FR
臀围	Hip Girth	H	后裆	Back Rise	BR
中臀围线	Middle Hip Line	MHL	袖山	Arm Top	AT
肘线	Elbow Line	EL	袖肥	Biceps Circumference	BC
膝盖线	Knee Line	KL	袖窿线	Arm Hole Line	AHL
袖窿	Arm Hole	AH	袖口	Cuff Width	CW

4. 标注

服装制图的图样是用来反映服装衣片的外形轮廓和形状的，服装衣片的实际大小则是根据图样上所标注的尺寸决定的。因此，图样上的尺寸标注非常重要，它关系到服装的裁片尺寸及服装成品的实际大小。服装结构制图部位、部件的每一尺寸，一般只标注一次，并应标注在该结构最清晰的图形上。服装主要部位的尺寸标注应尽量采用比例分配方式标示，以适合不同规格尺寸计算要求。

5. 线条

服装制图所用线条如基础线、结构线、轮廓线、尺寸线等，必须符合规定要求。

6. 字体

制图中的汉字、数字、字母都必须做到字体端正、笔画清楚、排列整齐、间隔均匀。用作分数、偏差、注脚等的数字及字母，一般应采用小一号字体。

四、制图符号

在纸样制图中为了正确表达各种线条、部位、裁片的用途和作用，需要借助各种符号。因此，需要对制图中各种符号作统一的规定，使之规范化，以减少理解差异引起的误解，使得制图简洁明了。

1. 制成线符号

在制图中，一般用粗实线表示，分为实制成线和虚制成线。实制成线是服装纸样完成后的实际边线；虚制成线是指沿着虚线，两边完全对称或者不对称的折线，是整体纸样的一部分。（图1-6）

2. 辅助线符号

在制图中，辅助线起到辅助制图和引导的作用，一般用细实线或者虚线表示。（图1-7）

3. 直角符号

在纸样制图中，用此符号来表示两条边线互相垂直成直角。（图1-8）

4. 等分线符号

等分线符号表示所标示的长度尺寸完全相等。（图1-9）

5. 相同符号

在作图的时候，常常需要用一些相同的符号来表示一些离得比较远的部位尺度长度是相同的。相同符号与等分线符号的功能相同，凡是出现相同符号的部位，尺寸完全相同。（图1-10）

图1-6 制成线符号

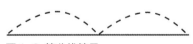

图1-7 辅助线符号

图1-8 直角符号

图1-9 等分线符号

图1-10 相同符号

6. 重叠符号

在纸样制图中，由于作图的需要，常常会有某些部位在绘制的图纸中重叠出现，而在制作纸样样板的时候需要归还给各自的部位，这时要用重叠符号来标记，以便在制作样板时提醒注意。（图1—11）

7. 对折线符号

在门襟等部位，需要面料对折贴边等，绘图时用此符号表示。（图1—12）

8. 经向符号

在制图时，用有箭头的直线表示面料的经向方向。（图1—13）

9. 省道符号

在制图中，用此符号表示需要省去的面料的位置和省量。省的形状可以根据体型和造型设计的需要，进行多种形式的设计。（图1—14）

10. 缩褶符号

缩褶是缝合的时候，自然缩皱形成的自然、不规则的褶皱，用波浪线表示。（图1—15）

11. 折裥符号

折裥是按一定间距设计的有规律的褶。折裥的方向和大小主要由斜线的方向决定，一般打褶的方向是由斜线自高向低的方向折倒。（图1—16）

图1-11 重叠符号

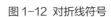

图1-12 对折线符号

图1-13 经向符号

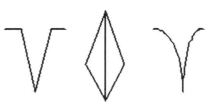

图1-14 省道符号

图1-15 缩褶符号

图1-16 折裥符号

思考与练习

1．说一说服装纸样设计在服装设计中的作用和地位。

2．列举一些常用的服装纸样制图术语并进行解释。

3．常用的服装纸样制图代号及其英文和英文缩写是什么？举例说明。

4．服装纸样制图的规则是什么？

5．服装纸样制图中常用的符号有哪些？

服装纸样设计

第二章
人体特征及
服装号型规格

第一节 人体特征

　　服装因人体而产生，并服务于人体，与人体有着十分密切的关系。服装构成的依据也是人体本身，因此，了解人体的基本特征是十分必要的。

一、人体结构

　　人体是一个特定的立体，由骨骼、肌肉和皮肤构成。骨骼是人体的支架，它决定了人体的基本形态、各部位的长短宽窄以及肢体生长方向。肌肉是附在骨骼上的，并决定人体外观形态与人体的活动。人体是由若干个面组成的一个集合体，它的外形决定了服装的结构和形态，服装结构中的点、线、面是根据人体结构的点、线、面来设定的。

　　人体结构对服装的作用并不在于每一块骨骼和肌肉本身，而在于骨骼与肌肉共同组成的体块，如体块的形状、体块间的连接点、人体比例、男女体型等都是产生服装基本结构的依据。根据人体外形特征和关节活动特点，可将人体主要部位划分成如下部位和关节：头部、颈部、肩部、胸部、腰部、腹部、背部、臀部、上臂、下臂、手、大腿、小腿、足、肩关节、肘关节、腕关节、髋关节、膝关节、踝关节。这些部位对于服装造型和结构设计有重要的影响。其中，颈部、腰部、髋关节、肩关节、肘关节、腕关节、膝关节、踝关节等是人体的重要活动部位，具有较复杂的运动机能和各自的运动特点，人体的弯、转、扭、伸、屈、抬、摆等各种动作都由这些部位的运动而形成，这些动作的运动幅度在一定条件下又将决定服装的尺寸和放松量的大小。因此，这几个部位对服装的造型和结构设计有制约的作用。在进行结构设计时，遇到这些部位时要加倍小心，需要进行放松量的考虑。

　　人体部位的划分将为服装部位划分和分界提供可靠的依据，它们之间联结成结构线条，这种结构线条系统科学地归纳与简化了人体表面凹凸不平的复杂情况，找到了服装走向立体造型的关键部位，是服装结构设计的依据。（图2-1）

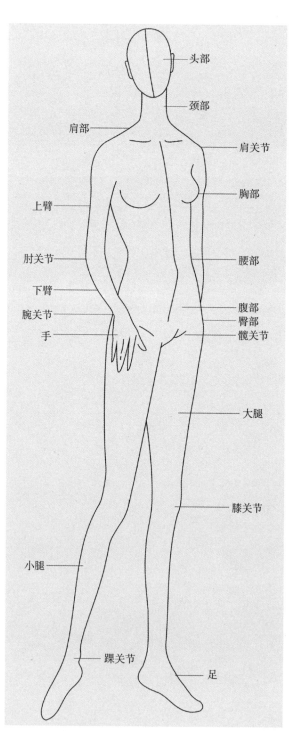

图2-1 人体主要部位

二、人体外形与服装纸样的关系

服装纸样设计研究的主要对象是人体，人体外形与服装结构有着直接的关系。随着经济的发展，作为人类第二皮肤的服装已不仅仅是遮身蔽体、御寒保暖的物件，人们更加注重其深层次的舒适性和功效性。这就对服装结构与人体结构之间的关系研究提出了更高的要求，即不仅使服装适身合体，满足人体的机能性，而且能充分显示人体的形体美。因此，既要研究人体体型的肌肉与轮廓，又要研究人体各部位关节的活动情况，对服装的哪些部位要突出，哪些部位要凹进，什么部位该松，什么部位该紧，有一个把握的度——款式造型必须通过服装结构的调整来完成和体现其特点。

1. 颈部与衣领的关系

颈部是头部和胸部的连接点。人体颈部呈上细下粗不规则的圆柱状。从侧面观察，颈部向前呈倾斜状，下端的截面近似桃形。颈长相当于头长的 1/3。男性颈部较粗，女性颈部较细。衣领是装缝在衣身领圈上的，与人体的颈部相贴靠，具有保护颈部和美化颈部的双重功能，是构成服装的主要部件之一。由于颈部的活动空间不大，因此，颈部的形状决定了衣领的基本结构。领的造型基本上是后领宽、前领窄；上衣前后的弧线弯曲度一般是后平、前弯。由于颈部上细下粗，因此衣领的尺寸是上领小、下领大。

2. 肩部与上衣的关系

肩部是连接背部和胸部的接合处，是前后衣片的分界线，也是服装的主要支撑点。肩部的形状近似球面，前肩部呈双曲面状，肩头前倾。女性肩部较窄，肩斜度为 20°，男性肩部较宽，斜方肌比女性发达，肩斜度为 21°，大于女性。肩部的特征决定了服装结构中的肩部形状，肩头前倾使服装的前肩斜度大于后肩斜度。肩的弓形状使服装后肩斜线略长于前肩斜线。女性的颈部自然前伸，颈斜度大于男性，因此，女装后肩常要加肩省或将其合理转换——不能忽略后肩省。

3. 胸、背与上衣的关系

胸与背是由一部分脊柱、胸骨与 12 对肋骨组成的胸廓。胸廓的形状决定胸部的大小和宽窄。男性胸廓宽而大，呈扁圆形，前胸表面呈球面状，背部凹凸变化明显；女性胸廓较男性短小，呈扁圆形，前胸表面乳胸隆起，乳胸部呈圆锥面状，胸部的凸起造型往往是女装纸样设计的重点，背部凹凸变化不明显。

男性胸与背的特征决定了后腰节长于前腰节，前胸的球面状，使一般服装前中有劈势。无明显凸起的胸量，使得男装结构中出现无胸省的设计和变化，背部肌肉浑厚而凹凸变化明显。女性乳胸隆起，一般后腰节短于前腰节，女装是通过收省、打褶、分割缝来达到合体的目的。

4. 腰部与上衣的关系

腰部呈椭圆状，小于胸围和臀围，侧腰部及后腰部呈双曲面状。男性腰部较宽，腰部凹陷不明显，侧腰部呈双曲面状。女性腰部窄于男性，腰部凹陷明显，侧腰部双曲面状明显于男性。侧腰的双曲面状，决定了吸腰服装的腰节在摆缝处必须拨开。

腰部的凹陷状，在服装纸样上表现为上衣的吸腰造型。男女腰部的宽窄差异，决定了女装的收腰量通常大于男装的收腰量。由于男性前胸和腹部之间较平坦，前胸腰差不明显，故上衣腰省的分配一般是前片少后片多，前片占 15% ~ 20%，后片占 80% ~ 85%。

5. 上肢与衣袖的关系

上肢由上臂、下臂和手三个部分组成。上肢的肩关节、肘关节、腕关节使手臂能够旋转和屈伸。上肢的形状决定了衣袖的基本结构，当上臂弯曲时，上臂与下臂呈一定角度，反映在衣袖上为后袖弯线外凸，前袖弯线内凹。一片袖收肘省，就是为了适应手臂活动的需要，同时也符合手臂的形状。肩端和肩部三角肌的圆浑外形形成了袖山弧线，后袖山弧线与前袖山弧线的不对称，是由背部肩胛骨凸起造成的。男性手臂较粗、较长，手掌较宽大。女性手臂较细，比男性短，手掌较男性窄小。手的不同体积，决定了男、女各式服装袋口的宽窄。袋口的高低位置与手臂的长短有关。此外，手腕、手掌、手指都是服装袖长、袖口的衡量依据。

6. 下肢与裤、裙的关系

臀部与腹部属于躯干部分，由于它与下肢关系密切，因此与下肢部分一起介绍。

人体的骨盆支撑着前腹后臀，腹部微凸、臀部外凸。男性臀窄且小于肩宽，后臀外凸较明显，呈一定的球面状，臀腰差较小，腹部微凸；女性臀宽且大于肩宽，后臀外凸很明显，呈一定的球面状，臀腰差大于男性，腹部较男性圆浑；老年男性臀外凸差异较小，腹部较大。（图2-2）

臀部的外凸决定了裤子的后笼门大于前笼门。臀部的球面状使裤子的后裆缝长于前裆缝，并使臀腰差的存在成为必然。人体腹部的圆浑，后臀外凸的特点，是腰口收前裥和后省的原因。女性因臀部丰满，腰臀差大，腹部较男性圆浑，因此女裤前裥、后省的收量大于男裤。

下肢是人体全身的支柱，由大腿、小腿和足组成。下肢有髋关节、膝关节、踝关节，这些关节使下肢能够蹲、坐和行走。男性膝部较窄，凹凸明显，正面两大腿合并的内侧可见间隙；女性膝部较宽大，凹凸不明显，大腿脂肪发达，两大腿合并的内侧间隙不明显。

下肢的结构对裤子的形状产生直接影响。由于脚有面骨的隆起和脚跟骨的直立与倾斜，因而前裤脚口略上翘，后裤脚口略下垂。前后裤管的形状来源于下肢的形状，无论是喇叭裤、直筒裤还是窄脚裤都是筒形。膝关节是测量长裤中裆及裙子等下装长度的重要依据。

三、服装尺寸设定的人体依据

服装是人体的外包装，服装成型后穿在人体上要适身合体，才能充分体现人体的形体美和线条美，而无论什么款式造型都必须通过服装结构的调整来完成和体现其特点，其纸样设计的依据不是具体款式的数据和公式，而是具有普遍代表性的人体。

无论服装外部造型和内部结构如何变化，其最终目标都是穿在人体上，因此要保持服装结构和人体形态的相互统一，并满足人体运动的空间需要。人体

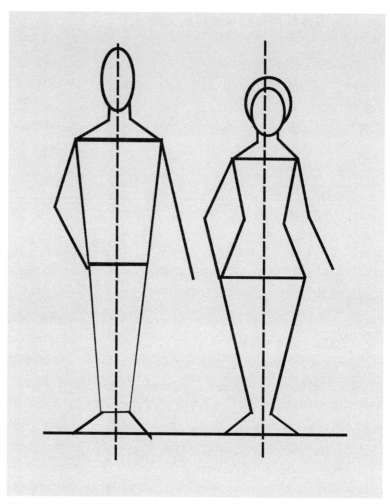

图2-2 男女体型差异对比

结构的支架是骨骼，因而纸样设计首先必须满足人体骨骼结构的基本框架，即纸样设计是以人体静态为基础进行调整的。骨骼具有不可变化性，所以进行服装纸样设计时，必须以骨骼的形状和位置为依据，这是服装纸样设计的不变因素。

服装不仅要符合人体静态的需求，更要考虑到适应人体活动的要求。因为人是活动的，适应人体的运动需要是进行纸样设计必须遵循的原则。对人体运动方式及其规律性的把握，是处理好人体运动规律对服装的影响而进行纸样设计的关键。身体中每个关节都可带动肢体做一定角度和方向的运动，运动状态的人体与静态的人体有很大的差别，衣服的结构系统组合必须考虑人肢体的生长方向、运动角度、可动域，并适当地加入松量，使服装成型后与人体体表留有一定的空间，这样各个部位活动时才能自如而舒适。所以，在进行服装尺寸的设定时，必须符合人体的动态和静态要求。在服装的围度和长度的尺寸设定方面，如果松量过小，例如紧身胸衣类的服装，会极大限制人体的活动；如果松量过大，例如古希腊、古罗马等披挂式服装和中国古代服装的宽袍大袖等造型，也会给人累赘感，同时不利于活动。

任何形式服装尺寸的设定，除了要考虑造型设计效果外，还要考虑其最小围度一般都不能小于人体各部位的实际围度和基本松度与运动度之和。在长度的设计方面，要考虑服装的种类用途和人体活动的范围，再根据不同着装需要、款式、风格等外部因素，最终确定服装的设计尺寸。

四、人体测量

人体是服装纸样设计的源和本，人体测量是进行服装纸样设计的必要前提，人体体表的形态和尺寸是服装纸样设计的依据，是取得服装规格的主要来源之一，也是服装生产中制定号型规格标准的基础。对人体各部位进行测量、了解人体结构并取得正确的数据是服装纸样设计中一项非常重要的内容，是为了对人体体型特征有一个正确的、客观的认识，取得较完整的相关控制部位数据，然后再用精确的数据来表示人体各部位的体型特征，从而为获得比较符合人体体表形态的结构设计和纸样打下坚实的基础。

人体测量是指测量人体有关部位的长度、宽度、围度尺寸，这些尺寸是服装纸样制图时的直接依据。通过人体测量，掌握人体有关部位的具体数据资料之后再进行结构分解，可以保证各部位设计的尺寸有可靠的依据，也只有这样才能使设计出的服装适合人体的体型特征，既穿着舒适，又有美观的外形。

人体测量是服装纸样设计和服装生产十分重要的基础性工作，因此，必须要有一套科学的测量方法，同时要有相应的测量工具和设备。

1. 测量工具

（1）软尺：软尺是人体测量的主要工具，要求质地柔韧、刻度清晰、稳定不变形。一般用于测量体表长度、宽度及围度。

（2）助测带：助测带即线绳之物，是帮助测体的代用工具。

（3）身高计：身高计是测量人体的身高、坐高等纵向长度的工具，根据需要可上下调节。

（4）专业测量工具：专业测量工具包括角度计、人体轮廓线投影仪、三维人体扫描仪、三维人体轮廓仪等高科技的测量工具，能够精确地测量人体数据并进行分析。

2. 测量方法

人体测量一般是测量人体净体尺寸。被测者穿着紧身内衣，测得的尺寸即为净尺寸。具体的服装设计尺寸是在净尺寸的基础上，考虑人体的运动量，按人体活动需要加以适当的放松量，同时根据服装的款式及穿着层次要求，确定放松量，特别是胸、腰、臀围的放松量，它们将会影响服装穿着的合体性和美观性。人体测量分为男体测量、女体测量、童体测量等，其测量部位、方法和步骤基本相同。因为女体测量要求较高且较为复杂，需测量的部位也多，所以下面以女体测量方法来说明人体测量要点。

3. 测量注意事项

测量时，要求被测者姿态自然放松，保持正常呼吸，不能低头、挺胸等，以免影响所量尺寸的准确性。测量时软尺不宜过松过紧，保持横平纵直。同时，还必须掌握人体的各个测量基准点，如此才能测出正确尺寸。做好每一测量部位对应的尺寸记录、必要的说明，或简单画上服装式样，注明体形特征和要求等。若被测者有特殊体形特征，应做好记录，以作调整。

4. 测量基准点

参看图2-3。

头顶点：头顶点是人以正常姿势站立时，头部的最高点位置。

颈前点：颈前点是颈窝位置的正中点，是前中线与锁骨弧线的交点位置。

颈后点：颈后点也叫颈椎点，是颈后第七颈椎棘突尖的端点，是测量颈椎点高和背长等的基准点。

颈肩点：颈肩点是肩中线与颈根曲线的交点稍微偏后的位置。

肩端点：肩端点是肩与手臂的转折点，在肩胛骨的上缘最外凸点，是测量肩宽和袖长的基准点。

胸高点：胸高点是胸部最高的位置。

肘点：肘点是手臂弯曲时，最突出的点，是测量上臂长的基准点。

茎突点：茎突点是手腕部最突出的点，是测量袖长的基准点。

髌骨中点：髌骨中点是膝盖髌骨的中点位置。

外踝点：外踝点是脚腕外侧的踝骨突出点，是测量裤长的基准点。

5. 测量部位

参看图2-4。

身高：身高是人站立时，由头顶点量至脚跟的距离。

前腰节长：由颈肩点通过胸部最高点量至腰间最细处。

后腰节长：也即后背长，是从第七颈椎点量至腰间最细处。

颈椎点高：颈椎点高是从颈椎点到地面的距离。

坐姿颈椎点高：坐姿颈椎点高是以正常的姿势坐于椅子上，颈椎点垂直到椅面的距离。

胸高：胸高是由颈肩点量至乳高点的距离。

臂长：臂长是由肩点向下量至茎突点的长度。

上臂长：上臂长是从肩点向下量至肘点的距离。

腰围高：腰围高是从腰围线到地面的距离。

臀高：臀高是从腰围线至臀围最丰满处的垂直距离。

上裆长：上裆长是后腰线至臀沟的距离。测量时，一般以人坐在椅子上，量取腰线至椅面的距离。

膝长：膝长是从腰围线垂直量至髌骨线的距离。

头围：头围是通过两耳上方，头部最大的围长。

颈根围：颈根围是通过侧颈点、颈椎点、颈窝点量取一周的距离。

总肩宽：总肩宽是从后背左肩点量至右肩点的距离。

胸围：胸围是腋下通过胸部最高点处，水平围量一周的长度。

乳距：乳距是两乳点之间的距离。

臂围：臂围是手臂最粗的地方水平围量一周的长度。

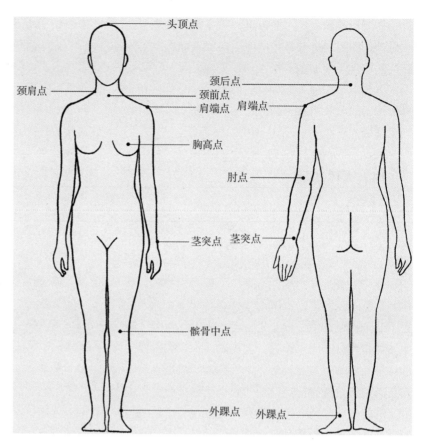

图2-3 人体测量基准点

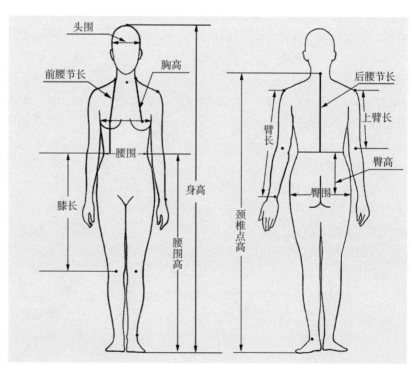

图2-4 人体测量部位（部分）

腕围：腕围是腕骨茎突点围量一周的长度。

腰围：腰围是腰部最细处水平围量一周的长度。

臀围：臀围是臀部最丰满处水平围量一周的长度。

大腿根围：大腿根围是在大腿根部水平围量一周的长度。

膝围：膝围是通过髌骨中线水平围量一周的长度。

腿肚围：腿肚围是自然站立时，在小腿最丰满处水平围量一周的长度。

踝上围：踝上围是踝骨上部最细处水平围量一周的长度。

第二节　服装号型规格

一、服装号型标准

我国于 1981 年制定并颁布了第一个有关服装号型的国家标准。经过不断实践及探索，该标准几经修订，变得更加完善、合理和易操作。

我国的《服装号型》（GB/T1335.1 ~ 3—2008）是以我国正常人体的主要部位尺寸为依据，对我国人体体型规律进行科学的分析后，经过若干年的实践并不断修正而设定的国家标准。它提供了以人体各主要部位尺寸为依据的数据模型，这个数据模型采集了我国人体与服装有密切关系的尺寸，并经过科学地数据处理，基本反映了我国人体的规律，适用的人体在数量上占我国人口的绝大多数，具有广泛的代表性。"服装号型系列"的人体尺寸是净体尺寸，并不是服装的成品规格。服装的号型系列是设计成品规格的来源和依据，既有利于服装成衣的生产，也有利于消费者购买成衣，它的确立同时给设计者和消费者提供了指导作用。

二、号型定义

服装号型是根据正常人体的规格及使用的需要，选出最具有代表性的部位，经过合理归并而设置的。"号"指高度，以厘米为单位，是设计和选择服装长短的依据；"型"指围度，以厘米为单位，表示人体的胸围或腰围，是设计和选择服装肥瘦的依据。人体体型也属于"型"的范围，以人体的胸围和腰围的差数为依据，人体体型划分成 Y、A、B、C 四种，见表 2—1。

三、号型标志

按《服装号型》（GB/T1335.1 ~ 3—2008）规定，在成品服装上必须标明号型。号与型之间用斜线分开，后接体型分类代号。例如女装 160/84A，其中 160 表示身高为 160 cm，84 表示净体胸围为 84 cm，体型分类代号 A 则表示胸腰落差在 18 cm ~ 14 cm。

四、号型系列

把人体的号和型进行有规则的分档排列就称为号型系列。号型系列的设置是以中间体型为中心，向两边依次递增或递减而组成。其中身高以 5 cm 分档，胸围以 4 cm 分档，腰围以 2 cm、4 cm 分档，组成 5·4 系列和 5·2 系列。男、女各体型中间体，见表 2—2。

成人男、女号型系列组合。（表 2—3 至表 2—10）

表 2-1　不同体型的胸腰差

单位：cm

体型分类代号	男子（胸腰差）	女子（胸腰差）
Y	22~17	24~19
A	16~12	18~14
B	11~7	13~9
C	6~2	8~4

表 2-2　男女体型中间体

单位：cm

体型	Y	A	B	C
身高（男子）	170	170	170	170
胸围（男子）	88	88	92	96
身高（女子）	160	160	160	160
胸围（女子）	84	84	88	84

表 2-3 男子 5·4、5·2 Y 号型系列

单位：cm

胸围	Y														
	身高														
	155		160		165		170		175		180		185		190	
	腰围														
76			56	58	56	58	56	58								
80	60	62	60	62	60	62	60	62	60	62						
84	64	66	64	66	64	66	64	66	64	66	64	66				
88	68	70	68	70	68	70	68	70	68	70	68	70	68	70		
92			72	74	72	74	72	74	72	74	72	74	72	74	72	74
96					76	78	76	78	76	78	76	78	76	78	76	78
100							80	82	80	82	80	82	80	82	80	82
104									84	86	84	86	84	86	84	86

表 2-4 男子 5·4、5·2 A 号型系列

单位：cm

胸围	A																					
	身高																					
	155			160			165			170			175			180			185			190		
	腰围																					
72				56	58	60	56	58	60															
76	60	62	64	60	62	64	60	62	64	60	62	64												
80	64	66	68	64	66	68	64	66	68	64	66	68	64	66	68									
84	68	70	72	68	70	72	68	70	72	68	70	72	68	70	72	68	70	72						
88	72	74	76	72	74	76	72	74	76	72	74	76	72	74	76	72	74	76	72	74	76			
92				76	78	80	76	78	80	76	78	80	76	78	80	76	78	80	76	78	80	76	78	80
96							80	82	84	80	82	84	80	82	84	80	82	84	80	82	84	80	82	84
100										84	86	88	84	86	88	84	86	88	84	86	88	84	86	88
104													88	90	92	88	90	92	88	90	92	88	90	92

表 2-5　男子 5 · 4、5 · 2 B 号型系列

单位：cm

胸围	B																	
	身高																	
	150		155		160		165		170		175		180		185		190	
	腰围																	
72	62	64	62	64	62	64												
76	66	68	66	68	66	68	66	68										
80	70	72	70	72	70	72	70	72	70	72								
84	74	76	74	76	74	76	74	76	74	76	74	76						
88			78	80	78	80	78	80	78	80	78	80	78	80				
92			82	84	82	84	82	84	82	84	82	84	82	84	82	84		
96					86	88	86	88	86	88	86	88	86	88	86	88	86	88
100							90	92	90	92	90	92	90	92	90	92	90	92
104									94	96	94	96	94	96	94	96	94	96
108											98	100	98	100	98	100	98	100
112													102	104	102	104	102	104

表 2-6　男子 5 · 4、5 · 2 C 号型系列

单位：cm

胸围	C																	
	身高																	
	150		155		160		165		170		175		180		185		190	
	腰围																	
76			70	72	70	72	70	72										
80	74	76	74	76	74	76	74	76	74	76								
84	78	80	78	80	78	80	78	80	78	80	78	80						
88	82	84	82	84	82	84	82	84	82	84	82	84	82	84				
92			86	88	86	88	86	88	86	88	86	88	86	88	86	88		
96			90	92	90	92	90	92	90	92	90	92	90	92	90	92	90	92
100					94	96	94	96	94	96	94	96	94	96	94	96	94	96
104							98	100	98	100	98	100	98	100	98	100	98	100
108									102	104	102	104	102	104	102	104	102	104
112											106	108	106	108	106	108	106	108
116													110	112	110	112	110	112

表 2-7 女子 5·4、5·2 Y 号型系列

单位：cm

胸围	身高															
	145		150		155		160		165		170		175		180	
	腰围															
72	50	52	50	52	50	52	50	52								
76	54	56	54	56	54	56	54	56	54	56						
80	58	60	58	60	58	60	58	60	58	60	58	60				
84	62	64	62	64	62	64	62	64	62	64	62	64	62	64		
88	66	68	66	68	66	68	66	68	66	68	66	68	66	68	66	68
92			70	72	70	72	70	72	70	72	70	72	70	72	70	72
96					74	76	74	76	74	76	74	76	74	76	74	76
100							78	80	78	80	78	80	78	80	78	80

表 2-8 女子 5·4、5·2 A 号型系列

单位：cm

胸围	身高																							
	145			150			155			160			165			170			175			180		
	腰围																							
72				54	56	58	54	56	58	54	56	58												
76	58	60	62	58	60	62	58	60	62	58	60	62	58	60	62									
80	62	64	66	62	64	66	62	64	66	62	64	66	62	64	66	62	64	66						
84	66	68	70	66	68	70	66	68	70	66	68	70	66	68	70	66	68	70	66	68	70			
88	70	72	74	70	72	74	70	72	74	70	72	74	70	72	74	70	72	74	70	72	74	70	72	74
92				74	76	78	74	76	78	74	76	78	74	76	78	74	76	78	74	76	78	74	76	78
96							78	80	82	78	80	82	78	80	82	78	80	82	78	80	82	78	80	82
100										82	84	86	82	84	86	82	84	86	82	84	86	82	84	86

表 2-9 女子 5 · 4、5 · 2 B 号型系列

单位：cm

胸围	B															
	身高															
	145		150		155		160		165		170		175		180	
	腰围															
68			56	58	56	58	56	58								
72	60	62	60	62	60	62	60	62	60	62						
76	64	66	64	66	64	66	64	66	64	66						
80	68	70	68	70	68	70	68	70	68	70	68	70				
84	72	74	72	74	72	74	72	74	72	74	72	74	72	74		
88	76	78	76	78	76	78	76	78	76	78	76	78	76	78	76	78
92	80	82	80	82	80	82	80	82	80	82	80	82	80	82	80	82
96			84	86	84	86	84	86	84	86	84	86	84	86	84	86
100					88	90	88	90	88	90	88	90	88	90	88	90
104							92	94	92	94	92	94	92	94	92	94
108									96	98	96	98	96	98	96	98

表 2-10 女子 5 · 4、5 · 2 C 号型系列

单位：cm

胸围	C															
	身高															
	145		150		155		160		165		170		175		180	
	腰围															
68	60	62	60	62	60	62										
72	64	66	64	66	64	66	64	66								
76	68	70	68	70	68	70	68	70								
80	72	74	72	74	72	74	72	74	72	74						
84	76	78	76	78	76	78	76	78	76	78	76	78				
88	80	82	80	82	80	82	80	82	80	82	80	82				
92	84	86	84	86	84	86	84	86	84	86	84	86	84	86		
96			88	90	88	90	88	90	88	90	88	90	88	90	88	90
100			92	94	92	94	92	94	92	94	92	94	92	94	92	94
104					96	98	96	98	96	98	96	98	96	98	96	98
108							100	102	100	102	100	102	100	102	100	102
112									104	106	104	106	104	106	104	106

在裁剪或制作样板时，仅有身高、胸围和腰围尺寸是裁不出服装的，必须要有必不可少的某些部位的尺寸才能裁剪出一款完整的服装来，这些部位被称为控制部位。服装的这些控制部位反映在人体上即颈椎点高、坐姿颈椎点高、胸围、总肩宽、全臂长、颈围、腰围高、腰围、臀围等。当号型系列和各控制部位数值确定后，就可引出服装的具体规格尺寸，以及服装号型系列控制部位数值。（表2-11至表2-20）

表2-11 男子服装号型各系列分档数值

单位：cm

体型	Y								A							
部位	中间体		5·4系列		5·2系列		身高ª、胸围ᵇ、腰围ᶜ每增减1 cm		中间体		5·4系列		5·2系列		身高ª、胸围ᵇ、腰围ᶜ每增减1 cm	
	计算数	采用数	计算数	采用数	计算数	采用数	计算数	采用数	计算数	采用数	计算数	采用数	计算数	采用数	计算数	采用数
身高	170	170	5	5	5	5	1	1	170	170	5	5	5	5	1	1
颈椎点高	144.8	145	4.51	4			0.9	0.8	145.1	145	4.5	4		4	0.9	0.8
坐姿颈椎点高	66.2	66.5	1.64	2			0.33	0.4	66.3	66.5	1.86	2			0.37	0.4
全臂长	55.4	55.5	1.82	1.5			0.36	0.3	55.3	55.5	1.71	1.5			0.34	0.3
腰围高	102.6	103	3.35	3	3.35	3	0.67	0.6	102.3	102.5	3.11	3	3.11	3	0.62	0.6
胸围	88	88	4	4			1	1	88	88	4	4			1	1
颈围	36.3	36.4	0.89	1			0.22	0.25	37	35.8	0.98	1			0.25	0.25
总肩宽	43.6	44	1.97	1.2			0.27	0.3	43.7	43.6	1.11	1.2			0.29	0.3
腰围	69.1	70	4	4	2	2	1	1	74.1	74	4	4	2	2	1	1
臂围	87.9	90	3	3.2	1.5	1.6	0.75	0.8	90.1	90	2.91	3.2	1.46	1.6	0.73	0.8

体型	B								C							
部位	中间体		5·4系列		5·2系列		身高ª、胸围ᵇ、腰围ᶜ每增减1 cm		中间体		5·4系列		5·2系列		身高ª、胸围ᵇ、腰围ᶜ每增减1 cm	
	计算数	采用数	计算数	采用数	计算数	采用数	计算数	采用数	计算数	采用数	计算数	采用数	计算数	采用数	计算数	采用数
身高	170	170	5	5	5	5	1	1	170	170	5	5	5	5	1	1
颈椎点高	145.4	145.5	4.54	4			0.9	0.8	146.1	146	4.57	4			0.91	0.8
坐姿颈椎点高	66.9	67	2.01	2			0.4	0.4	67.3	67.5	1.98	2			0.4	0.4
全臂长	55.3	55.5	1.72	1.5			0.34	0.3	55.4	55.5	1.84	1.5			0.37	0.3
腰围高	101.9	102	2.98	3	2.98	3	0.6	0.6	101.6	102	3	3	3	3	0.6	0.6
胸围	92	92	4	4			1	1	96	96	4	4			1	1
颈围	38.2	38.2	1.13	1			0.28	0.25	39.5	39.6	1.18	1			0.3	0.25
总肩宽	44.5	44.4	1.13	1.2			0.28	0.3	45.3	45.2	1.18	1.2			0.3	0.3
腰围	82.8	84	4	4	2	2	1	1	92.6	92	4	4	2	2	1	1
臂围	94.1	95	3.04	2.8	1.52	1.4	0.76	0.7	98.1	97	2.91	2.8	1.46	1.4	0.73	0.7

a.身高所对应的高度部位是颈椎点高、坐姿颈椎点高、全臂长、腰围高。

b.胸围所对应的围度部位是颈围、总肩宽。

c.腰围所对应的围度部位是臂围。

表 2-12 男子 5·4、5·2 Y 号型系列控制部位数值

单位：cm

部位	Y 数值														
身高	155		160		165		170		175		180		185		190
颈椎点高	133		137		141		145		149		153		157		161
坐姿颈椎点高	60.5		62.5		64.5		66.5		68.5		70.5		72.5		74.5
全臂长	51		52.5		54		55.5		57		58.5		60		61.5
腰围高	94		97		100		103		106		109		112		115
胸围	76		80		84		88		92		96		100		104
颈围	33.4		34.4		35.4		36.4		37.4		38.4		39.4		40.4
总肩宽	40.4		41.6		42.8		44		45.2		46.4		47.6		48.8
腰围	56	58	60	62	64	66	68	70	72	74	76	78	80	82	84	86
臀围	78.8	80.4	82	83.6	85.2	86.8	88.4	90	91.6	93.2	94.8	96.4	98	99.6	101.2	102.8

表 2-13 男子 5·4、5·2 A 号型系列控制部位数值

单位：cm

部位	A 数值								
身高	155	160	165	170	175	180	185	190	
颈椎点高	133	137	141	145	149	153	157	161	
坐姿颈椎点高	60.5	62.5	64.5	66.5	68.5	70.5	72.5	74.5	
全臂长	51	52.5	54	55.5	57	58.5	60	61.5	
腰围高	93.5	96.5	99.5	102.5	105.5	108.5	111.5	114.5	
胸围	72	76	80	84	88	92	96	100	104
颈围	32.8	33.8	34.8	35.8	36.8	37.8	38.8	39.8	40.8
总肩宽	38.8	40	41.2	42.4	43.6	44.8	46	47.2	48.4
腰围	56 58 60	60 62 64	64 66 68	68 70 72	72 74 76	76 78 80	80 82 84	84 86 88	88 90 92
臀围	75.6 77.2 78.8	78.8 80.4 82	82 83.6 85.2	85.2 86.8 88.4	88.4 90 91.6	91.6 93.2 94.8	94.8 96.4 98	98 99.6 101.2	101.2 102.8 104.4

表2-14 男子5·4、5·2B号型系列控制部位数值

单位：cm

B																				
部位	数值																			
身高	155		160		165		170		175		180		185		190					
颈椎点高	133.5		137.5		141.5		145.5		149.5		153.5		157.5		161.5					
坐姿颈椎点高	61		63		65		67		69		71		73		75					
全臂长	51		52.5		54		55.5		57		58.5		60		61.5					
腰围高	93		96		99		102		105		108		111		114					
胸围	72		76		80		84		88		92		96		100		104		108		112
颈围	33.2		34.2		35.2		36.2		37.2		38.2		39.2		40.2		41.2		42.2		43.2
总肩宽	38.4		39.6		40.8		42		43.2		44.4		45.6		46.8		48		49.2		50.4
腰围	62	64	66	68	70	72	74	76	78	80	82	84	86	88	90	92	94	96	98	100	102	104
臀围	79.6	81	82.4	83.8	85.2	86.6	88	89.4	90.8	92.2	93.6	95	96.4	97.8	99.2	100.6	102	103.4	104.8	106.2	107.6	109

表2-15 男子5·4、5·2C号型系列控制部位数值

单位：cm

C																				
部位	数值																			
身高	155		160		165		170		175		180		185		190					
颈椎点高	134		138		142		146		150		154		158		162					
坐姿颈椎点高	61.5		63.5		65.5		67.5		69.5		71.5		73.5		75.5					
全臂长	51		52.5		54		55.5		57		58.5		60		61.5					
腰围高	93		96		99		102		105		108		111		114					
胸围	76		80		84		88		92		96		100		104		108		112		116
颈围	34.6		35.6		36.6		37.6		38.6		39.6		40.6		41.6		42.6		43.6		44.6
总肩宽	39.2		40.4		41.6		42.8		44		45.2		46.4		47.6		48.8		50		51.2
腰围	70	72	74	76	78	80	82	84	86	88	90	92	94	96	98	100	102	104	106	108	110	112
臀围	81.6	83	84.4	85.8	87.2	88.6	90	91.4	92.8	94.2	95.6	97	98.4	99.8	101.2	102.6	104	105.4	106.8	108.2	109.6	111

表 2-16 女子服装号型各系列分档数值

单位：cm

体型	Y								A							
部位	中间体		5·4系列		5·2系列		身高ᵃ、胸围ᵇ、腰围ᶜ每增减1 cm		中间体		5·4系列		5·2系列		身高ᵃ、胸围ᵇ、腰围ᶜ每增减1 cm	
	计算数	采用数	计算数	采用数	计算数	采用数	计算数	采用数	计算数	采用数	计算数	采用数	计算数	采用数	计算数	采用数
身高	160	160	5	5	5	5	1	1	160	160	5	5	5	5	1	1
颈椎点高	136.2	136	4.46	4			0.89	0.8	136	136	4.53	4			0.91	0.8
坐姿颈椎点高	62.6	62.5	1.66	2			0.33	0.4	62.6	62.5	1.65	2			0.33	0.4
全臂长	50.4	50.5	1.66	1.5			0.33	0.3	50.4	50.5	1.7	1.5			0.34	0.3
腰围高	98.2	98	3.34	3	3.34	3	0.67	0.6	98.1	98	3.37	3	3.37	3	0.68	0.6
胸围	84	84	4	4			1	1	84	84	4	4			1	1
颈围	33.4	33.4	0.73	0.8			0.18	0.2	33.7	33.6	0.78	0.8			0.2	0.2
总肩宽	39.9	40	0.7	1			0.18	0.25	39.9	39.4	0.64	1			0.16	0.25
腰围	63.6	64	4	4	2	2	1	1	68.2	68	4	4	2	2	1	1
臂围	89.2	90	3.12	3.6	1.56	1.8	0.78	0.9	90.9	90	3.18	3.6	1.59	1.8	0.8	0.9

体型	B								C							
部位	中间体		5·4系列		5·2系列		身高ᵃ、胸围ᵇ、腰围ᶜ每增减1 cm		中间体		5·4系列		5·2系列		身高ᵃ、胸围ᵇ、腰围ᶜ每增减1 cm	
	计算数	采用数	计算数	采用数	计算数	采用数	计算数	采用数	计算数	采用数	计算数	采用数	计算数	采用数	计算数	采用数
身高	160	160	5	5	5	5	1	1	160	160	5	5	5	5	1	1
颈椎点高	136.3	136.5	4.57	4			0.92	0.8	136.5	136.5	4.48	4			0.9	0.8
坐姿颈椎点高	63.2	63	1.81	2			0.36	0.4	62.7	62.5	1.8	2			0.35	0.4
全臂长	50.5	50.5	1.68	1.5			0.34	0.3	50.5	50.5	1.6	1.5			0.32	0.3
腰围高	98	98	3.34	3	3.3	3	0.67	0.6	98.2	98	3.27	3	3.27	3	0.65	0.6
胸围	88	88	4	4			1	1	88	88	4	4			1	1
颈围	34.7	34.6	0.81	0.8			0.2	0.2	34.9	34.8	0.75	0.8			0.19	0.2
总肩宽	40.3	39.8	0.69	1			0.17	0.25	40.5	39.2	0.69	1			0.17	0.25
腰围	76.6	78	4	4	2	2	1	1	81.9	82	4	4	2	2	1	1
臂围	94.8	96	3.27	3.2	1.64	1.6	0.82	0.8	96	96	3.33	3.2	1.67	1.6	0.83	0.8

a.身高所对应的高度部位是颈椎点高、坐姿颈椎点高、全臂长、腰围高。

b.胸围所对应的围度部位是颈围、总肩宽。

c.腰围所对应的围度部位是臂围。

表2-17 女子5·4、5·2Y号型系列控制部位数值

单位：cm

Y															
部位	数值														
身高	145		150		155		160		165		170		175		180
颈椎点高	124		128		132		136		140		144		148		152
坐姿颈椎点高	56.5		58.5		60.5		62.5		64.5		66.5		68.5		70.5
全臂长	46		47.5		49		50.5		52		53.5		55		56.5
腰围高	89		92		95		98		101		104		107		110
胸围	72		76		80		84		88		92		96		100
颈围	31		31.8		32.6		33.4		34.2		35		35.8		36.6
总肩宽	37		38		39		40		41		42		43		44
腰围	50	52	54	56	58	60	62	64	66	68	70	72	74	76	78	80
臀围	77.4	79.2	81	82.8	84.6	86.4	88.2	90	91.8	93.6	95.4	97.2	99	100.8	102.6	104.4

表2-18 女子5·4、5·2A号型系列控制部位数值

单位：cm

A																							
部位	数值																						
身高	145			150			155			160			165			170			175			180		
颈椎点高	124			128			132			136			140			144			148			152		
坐姿颈椎点高	56.5			58.5			60.5			62.5			64.5			66.5			68.5			70.5		
全臂长	46			47.5			49			50.5			52			53.5			55			56.5		
腰围高	89			92			95			98			101			104			107			110		
胸围	72			76			80			84			88			92			96			100		
颈围	31.2			32			32.8			33.6			34.4			35.2			36			36.8		
总肩宽	36.4			37.4			38.4			39.4			40.4			41.4			42.4			43.4		
腰围	54	56	58	58	60	62	62	64	66	66	68	70	70	72	74	74	76	78	78	80	82	82	84	86
臀围	77.4	79.2	81	81	82.8	84.6	84.6	86.4	88.2	88.2	90	91.8	91.8	93.6	95.4	95.4	97.2	99	99	100.8	102.6	102.6	104.4	106.2

表 2-19 女子 5·4、5·2 B 号型系列控制部位数值

单位：cm

B

部位	数值							
身高	145	150	155	160	165	170	175	180
颈椎点高	124.5	128.5	132.5	136.5	140.5	144.5	148.5	152.5
坐姿颈椎点高	57	59	61	63	65	67	69	71
全臂长	46	47.5	49	50.5	52	53.5	55	56.5
腰围高	89	92	95	98	101	104	107	110

部位	数值										
胸围	68	72	76	80	84	88	92	96	100	104	108
颈围	30.6	31.4	32.2	33	33.8	34.6	35.4	36.2	37	37.8	38.6
总肩宽	34.8	35.8	36.8	37.8	38.8	39.8	40.8	41.8	42.8	43.8	44.8

部位	数值																					
腰围	56	58	60	62	64	66	68	70	72	74	76	78	80	82	84	86	88	90	92	94	96	98
臀围	78.4	80	81.6	83.2	84.8	86.4	88	89.6	91.2	92.8	94.4	96	97.6	99.2	100.8	102.4	104	105.6	107.2	108.8	110.4	112

表 2-20 女子 5·4、5·2 C 号型系列控制部位数值

单位：cm

C

部位	数值							
身高	145	150	155	160	165	170	175	180
颈椎点高	124.5	128.5	132.5	136.5	140.5	144.5	148.5	152.5
坐姿颈椎点高	56.5	58.5	60.5	62.5	64.5	66.5	68.5	70.5
全臂长	46	47.5	49	50.5	52	53.5	55	56.5
腰围高	89	92	95	98	101	104	107	110

部位	数值											
胸围	68	72	76	80	84	88	92	96	100	104	108	112
颈围	30.8	31.6	32.4	33.2	34	34.8	35.6	36.4	37.2	38	38.8	39.6
总肩宽	34.2	35.2	36.2	37.2	38.2	39.2	40.2	41.2	42.2	43.2	44.2	45.2

部位	数值																							
腰围	60	62	64	66	68	70	72	74	76	78	80	82	84	86	88	90	92	94	96	98	100	102	104	106
臀围	78.4	80	81.6	83.2	84.8	86.4	88	89.6	91.2	92.8	94.4	96	97.6	99.2	100.8	102.4	104	105.6	107.2	108.8	110.4	112	113.6	115.2

第三节　服装规格设计

服装规格设计即服装成品各部位尺寸的制定。在进行服装设计时，我们选择和应用号型时应注意：必须从标准规定的各个系列中选用适合本地区的号型系列。号型系列和各控制部位数值确定后，就可引出服装的具体规格尺寸，即以控制部位数值加放不同的放松量来设计服装规格。无论选用哪个系列，必须考虑每个号型适应本地区的人口比例和市场需求情况，相应地安排生产数量，以满足大部分人的穿着需要。非控制部位服装规格，如袖口、裤脚口等，可根据款式的需要进行设计。对于服装号型系列中规定的号型不够用时（虽然这部分人占的比例较小），可扩大号型设置范围，以满足他们的需求。扩大号型范围时，应按各系列所规定的分档数和系列数进行。

思考与练习

1. 服装中的人体主要部位可以划分为几个部分？为什么？

2. 人体结构与服装造型的关系是什么？

3. 服装尺寸设定的依据是什么？

4. 人体测量的基准点有哪些？主要测量部位是哪些？分别说明。

5. 我国号型的定义及划分标准是什么？

服装纸样设计

裙子是指包裹腹部、臀部和下肢的筒状衣物，也是女装中特别富有女性气质的一个品种，它在结构上相对简单，但款式变化非常丰富。

第一节　裙子的基本纸样

一、裙子采寸与人体体型及裙子造型的关系

裙子是穿在人体腰部以下的服装，通过观察图 3-1 可以看出，腰以下人体的正面较为平坦，后面的臀部则明显突出，且人体左右为对称状态，在裙子纸样设计中要充分考虑人体的这些结构特征。

在裙子的纸样设计中，腰围的尺寸基本不受款式的影响，变化是最小的。人站立时的腰围比呼气、坐下时腰围小 2 cm 左右，从生理角度来说 2 cm 的变化人体不会感受到太大的压迫感，因此，裙子的腰围放松量可以控制在 0 cm ~ 2 cm 这一范围内。臀围的变化会因款式的变化而变化，对宽松造型的裙子来说，放松量可以不做严格规定，对合体的裙子来说，其臀部放松量一般控制在 4 cm ~ 6 cm。

裙子造型变化多样，裙子从长短上来分有超短裙、短裙、齐膝裙、中长裙、长裙。裙长规格尺寸的设计因每种不同长度的裙子而有差别。从裙子的廓形上来分有紧身窄裙、半紧身裙、斜裙、半圆裙、整圆裙等（图 3-2）。理解裙子廓形的变化是对裙装造型设计进行整体把握的基础，在廓形设计的基础上，裙子的设计还可以结合分割、施褶这两个手法来进行。

图 3-1　　　　图 3-2

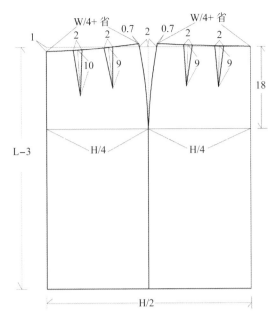

图 3-3 裙子基本纸样

二、裙子基本纸样采寸

裙子的基本纸样是裙子的结构设计与变化的基础。裙子基本纸样选用号型165/66A，本书所选的号型中的号即身高比国标大一档，更符合现在的实际情况，因为国标已有很长时间没有更新，现在很多服装企业已将号提高一档。主要部位的采寸有（单位：cm）：W=66（净腰围）+2=68，H=90（净臀围）+4=94，L=58，腰头宽=3。[①]

三、裙子基本纸样绘制

裙子基本纸样的绘制如图 3-3 所示。

1. 确定上平线，将上平线平移距离 L-3 确定下平线。

2. 向下平移上平线 18 cm 确定臀围线。

3. 垂直于上平线确定后中线，平行于后中线距离为 H/2 确定前中线。

4. 平分臀围线，并作其线的垂直线。

5. 确定前腰围线：由前中线向侧缝线方向取前腰围 =W/4+ 省道，在侧缝方向抬高 0.7 cm 的侧缝起翘量，完成腰口弧线及前侧缝弧线。

6. 确定省道位置：将前腰口弧线三等分，等分点位于省道中心位置，过该点作腰围弧线的垂线，前片省长 9 cm。

7. 确定后腰围线：由后中线向侧缝线方向取后腰围 =W/4+ 省道，在侧缝方向抬高 0.7 cm 的侧缝起翘量，在后中线上下降 1 cm。完成腰口弧线及后侧缝弧线。

8. 确定省道位置：将后腰口弧线三等分，等分点位于省道中心位置，过该点作腰围弧线的垂线，靠近后中线方向省长 10 cm，靠近侧缝线方向省长 9 cm。

9. 绘制腰头：取长度 =W+3 cm、宽度 =3 cm，绘制腰头，其中 3 cm 为搭门宽。

第二节　裙子的纸样设计

一、廓形变化裙

在裙子基本纸样合体直筒造型的基础上，逐渐改变腰线的弧度从而改变裙摆的大小，使裙子的外轮廓较基本裙形发生较大变化，以下以斜裙、塔裙和圆裙为例。

1. 斜裙

（1）规格设计：选号型165/66A，主要部位的规格设计为 W=66+2=68，H=90+4=94，L=58。

（2）纸样设计：根据斜裙的款式特点，在裙子基本纸样的基础上，合并省道改变腰线的弧度，在合并省道的过程中，增大裙子下摆的量从而改变裙子的外轮廓，使得裙子从基本纸样的合体筒裙变成有一定摆量的斜裙。（图 3-4、图 3-5）

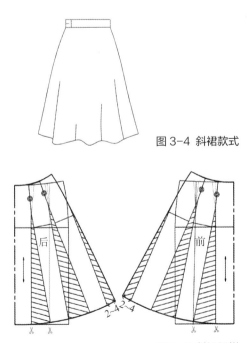

图 3-4 斜裙款式

图 3-5 斜裙纸样

---

①本章中 W 为腰围，H 为臀围，L 为裙长，单位均为 cm。

2. 塔裙

（1）规格设计：选号型 165/66A，主要部位的规格设计为 W=66+2=68，H=90+4=94，L=68。

（2）纸样设计：分析塔裙的款式特点，在廓形上由合体筒裙变成近圆裙。结构上，塔裙通过抽褶消解了省道的量，并通过横向分割线和抽褶增大裙摆的量。图例中塔裙分成三层，褶量的设计由上到下依次增多，分别为 7 cm、15 cm、21 cm。塔裙的结构比较简单，在设计时只要分配好上下分割的比例以及褶量的比例即可。（图 3-6、图 3-7）

3. 圆裙

（1）规格设计：选号型 165/66A，主要部位的规格设计为 W=66+2=68，H=90+8=98，L=60。

（2）纸样设计：整圆裙是裙子中裙摆最大化的表现，结构设计图是在基本裙型结构图上作数条剪开线，增加下摆量使 1/4 裙片下摆成 1/4 圆大。在实际作图中，圆裙腰部不收省，腰线近似的视为一个圆形的周长，这个圆的半径为 W/（2×3.14），圆周即腰围，圆裙即以裙长为宽的一个圆环。（图 3-8、图 3-9）

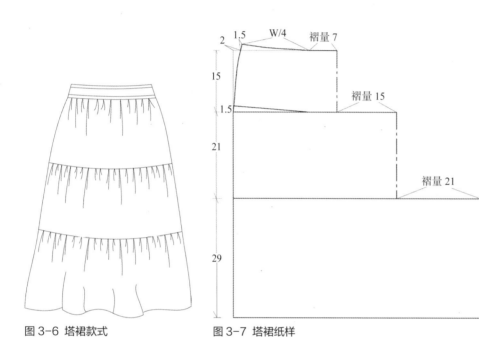

图 3-6 塔裙款式   图 3-7 塔裙纸样

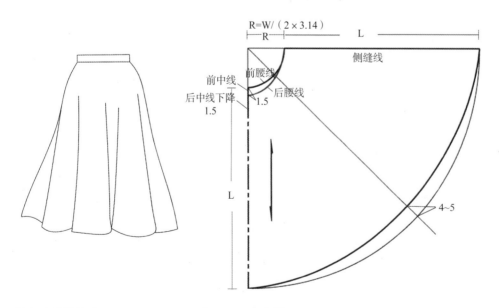

图 3-8 圆裙款式   图 3-9 圆裙纸样

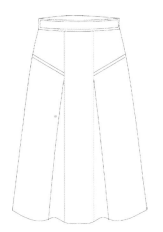

图 3-10 育克裙款式

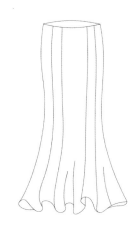

图 3-12 鱼尾裙款式

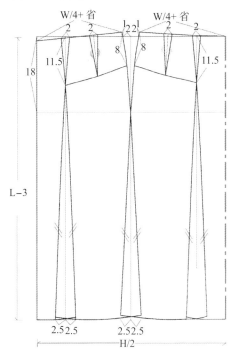

图 3-11 育克裙纸样

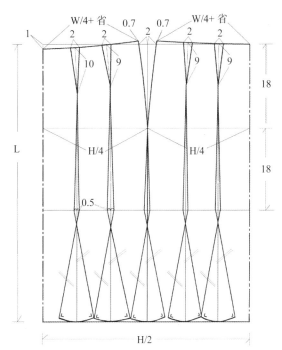

图 3-13 鱼尾裙纸样

二、分割造型裙

裙子在纸样设计中，结合廓形的设计变化，还能在内部进行一定的分割造型，分割可以是纵向分割、横向分割、弧形分割及综合交叉分割。在分割造型中，注意要以结构的基本功能为前提，结合款式设计的要求来进行。

1. 横向分割裙（育克裙）

（1）规格设计：选号型 165/66A，主要部位的规格设计为 W=66+2=68，H=90+4=94，L=70。

（2）纸样设计：本款裙型是在腰部做分割，形成育克的形式。其中的一个腰省尖过分割线，可以通过分割后折叠关闭，另一个省则可通过直向分割线收掉。下摆放大，分割缝和侧缝各放 5 cm。（图 3-10、图 3-11）

2. 纵向分割裙（十片裙）

（1）规格设计：选号型 165/66A，主要部位的规格设计为 W=66+2=68，H=90+4=94，L=60。

（2）纸样设计：本款裙型是在基本纸样的基础上，腰部做纵向分割，形成竖向的分割线造型。过基本款的省尖作分割线，可以通过分割后在髋骨线上逐渐扩展裙摆的量使下摆放大形成鱼尾裙摆。（图 3-12、图 3-13）

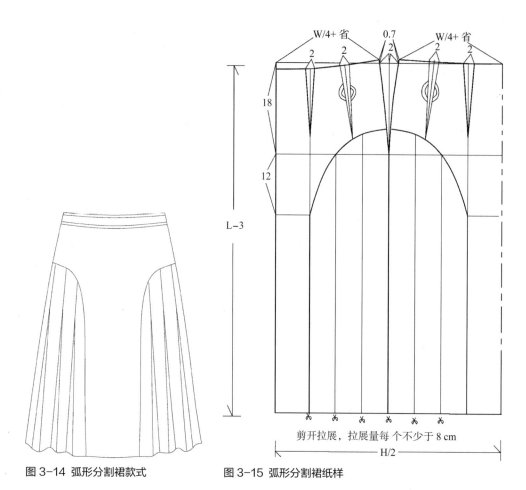

图 3-14 弧形分割裙款式　　图 3-15 弧形分割裙纸样

3. 弧形分割裙

（1）规格设计：选号型 165/66A，主要部位的规格设计为 W=66+2=68，H=90+4=94，L=60。

（2）纸样设计：先根据所提供的规格尺寸，制作出基本型裙子样板。在基本型裙子样板的基础上，根据款式进行弧形分割设计，将分割处等分剪切并平行拉开不少于 8 cm 的间距，缝合时根据款式图做成规则的折裥即可。（图 3-14、图 3-15）

三、收褶裙

褶皱是服装设计中运用较多的设计语言，施褶是服装造型的常见手段，是衣裙按照一定规律折叠所产生的纹痕或因服装面料表现紧缩和揉捏而成的自然或随意的纹路，使服装从平面变得立体，显得更生动活泼。从结构功能上看，褶皱具有合身性和造型性两种性质。褶在服装的造型中大体上可分为两种：自然褶和规律褶。自然褶又可以分为波形褶和缩褶两种，具有随意性、多变性、丰富性和活泼性。规律褶也分为两种，即普力特褶和塔克褶，表现出有秩序的动感特征。前文中几款例子即有在造型中运用施褶的造型手法。

1. 叠褶裙

（1）规格设计：选号型 165/66A，主要部位的规格设计为 W=66+2=68，H=90+8=98，L=70。

（2）纸样设计：这款裙子前片重叠垂褶，按基本裙型做出裙子纸样图。腰部不收省，余量以缩褶的形式消除；以左右对称形式放出下摆及垂褶摆量形成波形褶，控制好垂褶的斜向分割位置的比例即可。（图 3-16、图 3-17）

2．百褶裙

（1）规格设计：选号型 165/66A，主要部位的规格设计为 W=66+2=68，H=90+4=94，L=40。

（2）纸样设计：本款裙型是在斜裙纸样的基础上，根据款式图从腰部做纵向分割，形成竖向的分割线造型，在分割开的基础纸样中可根据款式的需要增加相应的量，而增加的量即是形成普利特褶的量。（图3-18、图3-19）

四、其他裙

1．非对称裙

（1）规格设计：选号型 165/66A，主要部位的规格设计为 W=66+2=68，H=90+6（～10）=96（～100），L=65。

图 3-16 叠褶裙款式

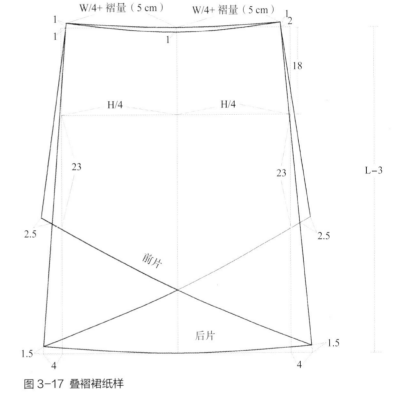

图 3-17 叠褶裙纸样

图 3-18 百褶裙款式

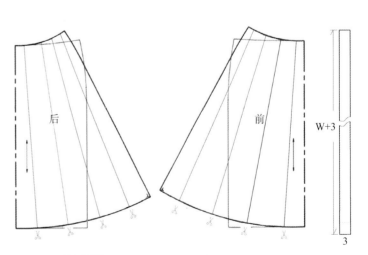

图 3-19 百褶裙纸样

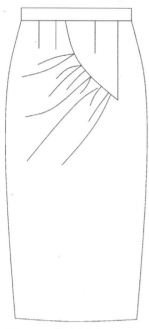
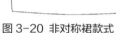

图3-20 非对称裙款式

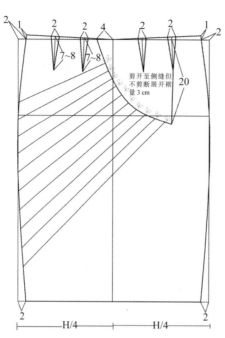

剪开至侧缝但不剪断展开褶量 3 cm

20

图3-21 非对称裙纸样

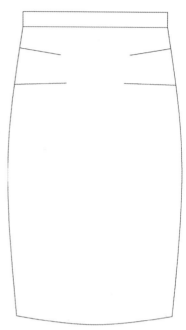

图3-22 反省裙款式

（2）纸样设计：先根据所提供的规格尺寸，制作出基本型裙子样板。作出斜向弧形分割线，沿分割线剪开至侧缝线但不剪断，每个展开量 3 cm 作为褶量。（图3-20、图3-21）

2. 反省裙

（1）规格设计：选号型 165/66A，主要部位的规格设计为 W=66+2=68，H=90+4（~6）=94（~96），L=52。

（2）纸样设计：按规格作出裙子基本型，在臀部以上的侧缝线上作两条线至省尖，剪开连线后关闭腰省，则将腰省转移至侧缝上，得到反省裙。（图3-22、图3-23）

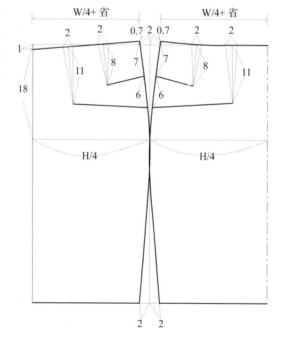

图3-23 反省裙纸样

思考与练习

1．基本裙的采寸与制图是怎样的？

2．试列举几款外轮廓变化裙并作出纸样设计。

3．试列举几款内分割裙并作出纸样设计。

4．试列举几款褶裙并作出纸样设计。

5．试列举几款变化复杂的裙并作出纸样设计。

第四章
裤子纸样原理与设计

裤子对女性而言是偏中性化的女装，结构比裙子复杂，与裙子最大的区别在于比裙子多了底裆，这样使得裤子更加贴近人体的结构。裤子左右腿的分丬也使得人体的活动更加方便，提高了人体的活动机能。

第一节 裤子松量设计

根据人的生活习惯和人体腰臀的活动量，一般来说裤装围度放松量的确定可以参考表4-1，也可以根据款式设计的需要确定相应的放松量。

人体的臀腰差是裤装中省道和褶量设计的依据，一般来说单个褶量的设计控制在3 cm左右，省道的设计控制在2.5 cm左右，褶和省道的数量根据款式和规格来定。

第二节 裤子基本纸样

裤子的基本纸样是裤子的纸样设计与变化的基础，裤子基本纸样选用号型165/66A。

一、裤子基本纸样采寸

1. 腰围：腰围是在净腰围66 cm基础上加松量，腰部放松量取2 cm。
2. 臀围：臀围是在净臀围90 cm的基础上加放松量，臀部放松量取6 cm。
3. 裤长：裤长是从腰围线垂直向下量至脚跟附近。
4. 臀高线：臀高线由腰围线向下18 cm确定。

主要部位的规格设计具体如下（单位：cm）：W=66+2=68，H=90+6=96，L=0.6×号+2=101，SB=20。

二、裤子基本纸样绘制（图4-1）

1. 前片

（1）画一条上平线，平行于上平线距离为L-3 cm画一条下平线。

表4-1 裤装围度放松量

单位：cm

部位	类型		
	贴体型	合体型	宽松型
腰围	0~2	0~2	0~2
臀围	3~6	5~12	12以上

①本章中W为腰围，H为臀围，L为裤长，SB为裤口大，单位均为cm。

（2）平行于上平线，距离为 H/4 画横裆线。

（3）平行于上平线，距离为 H/12 画臀围线。

（4）平行于下平线，距离在臀围线与下平线中间确定中裆线。

（5）垂直于上平线，长度为上平线到下平线的距离定基础线。

（6）平行于基础线，距离为 H/4 确定前臀宽线。

（7）由前臀宽线与横裆线的交点向右取 0.04H 定小裆宽。

（8）平分小裆宽点到基础线并平行于基础线定烫迹线。

2. 后片

（1）将前片的上平线、下平线、横裆线、臀高线、中裆线延长作为后片对应的线。

（2）垂直于上平线，长度为上平线到下平线的距离定基础线。

（3）平行于基础线，距离为 H/4 确定后臀宽线。

（4）由前臀宽线与横裆线的交点向左取 0.11H 定大裆宽。

（5）平分大裆宽点到基础线并侧移 1cm，平行于基础线定烫迹线。

在此基础上依次画出前后裤片的轮廓线，即前侧缝线、前腰线、前裆弧线、前内缝线、前脚口线、后侧缝线、后腰线、后裆弧线、后内缝线、后脚口线，再画好前后腰省。

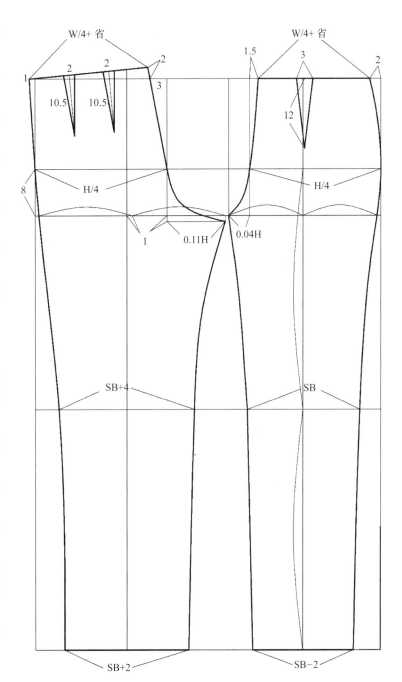

图 4-1 女裤基本型

第三节　裤子的纸样设计

一、贴体裤

1. 贴体牛仔裤

（1）规格设计：选用号型 165/66A，主要部位规格设计为 W−66+2=68，H=90+4=94，L=0.6×号+4=103，SB=26。

（2）纸样设计：按基本裤型的方法设置臀围线，后片腰以下分割并合并省道量，使之既符合人体又没有外在的省道显现，前片在口袋处合并省道。裤口为小喇叭造型，膝围线提高 5 cm 使喇叭造型更具美感。（图 4−2、图 4−3）

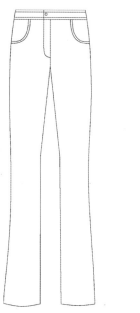
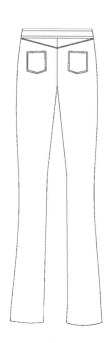

图 4−2 贴体牛仔裤款式

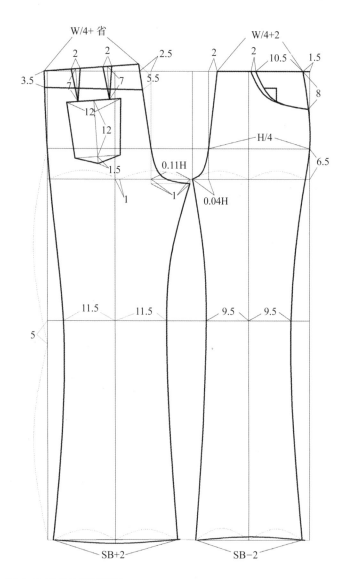

图 4−3 贴体牛仔裤纸样

2. 铅笔裤

（1）规格设计：选号型 165/66A，主要部位的规格设计为 W=66+2=68，H=90+2=92，L=0.6×号 +7=106，SB=16。

（2）纸样设计：前片样板的小裆宽为 0.04H，收一个省道，做一个斜向弧形挖袋。后片下裆线下降 1 cm，大裆宽为 0.11H。整体造型为紧身型，立裆深为 22 cm，脚口收为 16 cm。（图 4-4、图 4-5）

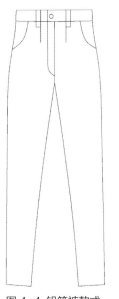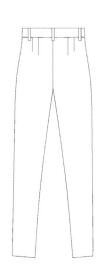

图 4-4 铅笔裤款式

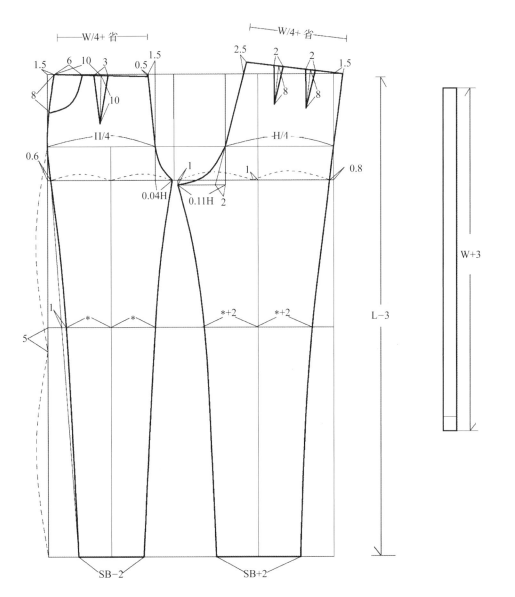

图 4-5 铅笔裤纸样

二、合体裤

1. 休闲八分裤

（1）规格设计：选号型 165/66A，主要部位的规格设计为 W=66+2=68，H=90+8=98，BR=30，L=0.5×号 +8=90.5，SB=16。

（2）纸样设计：前片样板的小裆宽为 0.04H，腰部设计一个省道；后片大裆宽为 0.11H，腰部设计一个省道，在裤子的侧面作分割设计，裤脚口开衩便于穿脱，也具有装饰效果。（图 4-6、图 4-7）

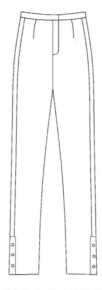
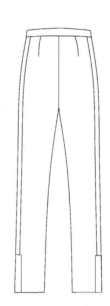

图 4-6 八分裤款式

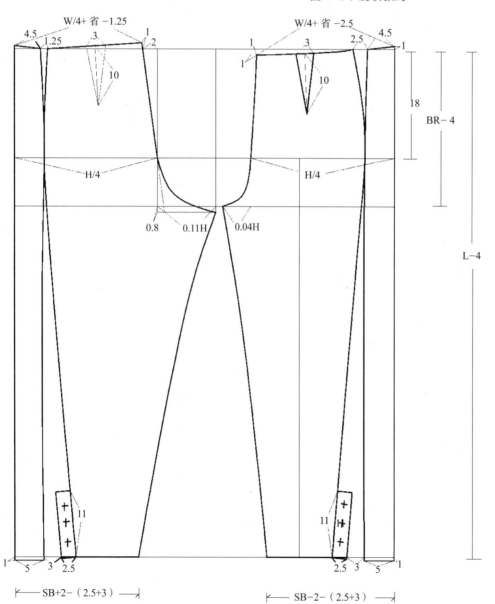

图 4-7 八分裤纸样

2. 分割裤

（1）规格设计：选号型 165/66A，主要部位规格设计为 W=66+2=68，H=90+4=94，L=0.6×号 +7=106，SB=20。

（2）纸样设计：前片样板的小裆宽为 0.04H，腰部设计一个省道。臀围下至裤脚口作弧形分割设计。后片下裆线下降 1 cm，大裆宽为 0.11H，腰部设计两个省道。立裆深为 22 cm，腰头宽 3 cm。（图 4-8、图 4-9）

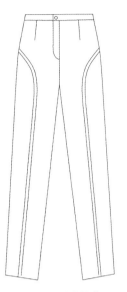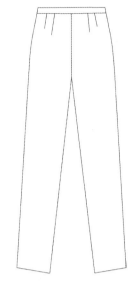

图 4-8 分割裤款式

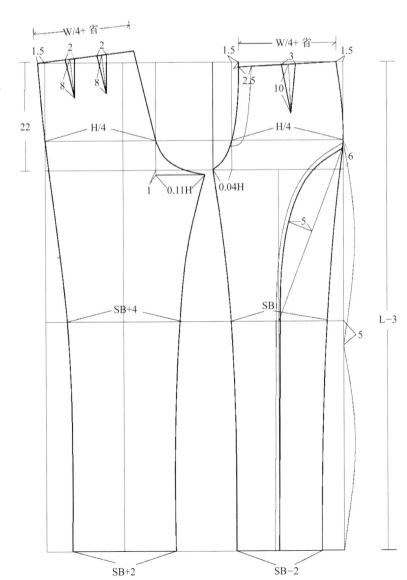

图 4-9 分割裤纸样

三、宽松裤

1. 规格设计：选用号型 165/66A，主要部位规格设计为 W=66+2=68，H=90+14=104，L=0.6× 号 +2=101，SB=22。

2. 纸样设计：本款裤子纸样中档线在基本裤型的基础上向上提升 3 cm，以增加裤子的造型美感，横档线比基本裤型下移 2 cm，这样增加直档的长度，同时臀围放松量增大。（图 4-10、图 4-11）

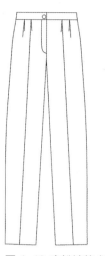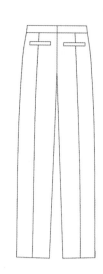

图 4-10 宽松裤款式

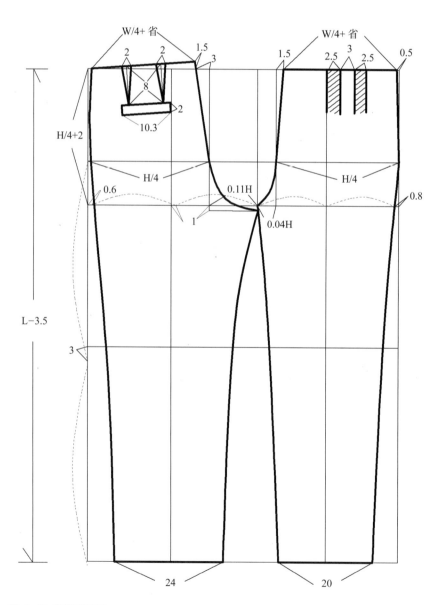

图 4-11 宽松裤纸样

四、短裤

1. 规格设计：选用号型 165/66A，主要部位规格设计为 W=66+2=68，H=90+4=94，L=0.2×号+5=38，SB=28。

2. 纸样设计：在总裆宽不变的情况下，增加下裆缝倾角，可以使得缝合后的裤装腹臀宽增加，又不影响外观造型。合体短裤的纸样与基本裤型相似，只是长度有所减短。（图4-12、图4-13）

图 4-12 短裤款式

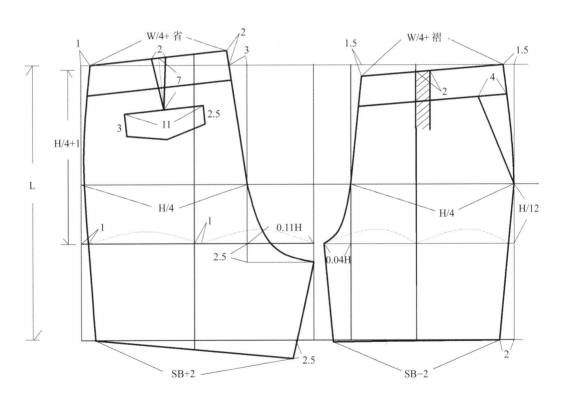

图 4-13 短裤纸样

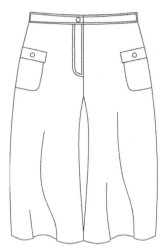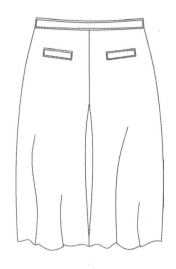

图 4-14 裙裤款式

五、裙裤

1. 规格设计：选用号型165/66A，主要部位的规格设计为 W=66+2=68，H=90+4=94，L=0.4×号+1=67。

2. 纸样设计：在裤子基本纸样的基础上，横裆线较基本裤型向下增加为 H/4+5，通过加长直裆来增加人体活动量和穿着舒适性，前后裆宽适量增大并加大裤口量，使得裤腿造型宽大，似裤又似裙。（图4-14、图4-15）

思考与练习

1. 女裤基本型的采寸与制图是怎样的？

2. 试设计几款贴体裤并作出纸样设计图。

3. 试设计几款合体裤并作出纸样设计图。

4. 试设计几款宽松裤并作出纸样设计图。

5. 试设计几款短裤并作出纸样设计图。

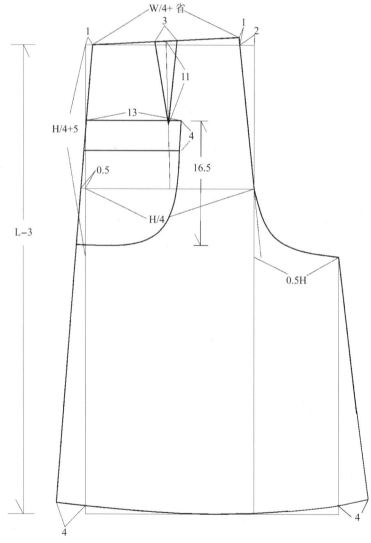

图 4-15 裙裤纸样

第五章
衣身纸样原理与设计

衣身是服装的主干部分，其造型占据了服装样式的大部分，也在一定程度上为领、袖的造型奠定了基础，衣身的结构对整套服装也起着关键作用。衣身的结构主要包含省道、分割线、褶裥、口袋、开襟等要素和部件的结构，其纸样设计不仅与款式有关，也与人体结构和形态密切相关。

第一节　衣身基本纸样

服装款式千变万化，服装的纸样设计似乎也变得纷繁芜杂。其实，任何事物无论多复杂，都是遵循一定规律的。在服装纸样设计中，我们只要抓住"基本型"，通过基本纸样的松量放缩、旋转、剪切放大、折叠，采用省道、折裥、抽褶、分割线等结构形式，便可得到服装的纸样图。基本纸样是指结构最简单的纸样，而且是力求做到最大覆盖面的服装纸样，其能从本质上反映人体主要特征，是服装纸样设计的基础纸样。

一、衣身基本纸样获取

衣身基本纸样可以采用立体裁剪的方式获取（图5-1）。以胸围为84A的人台为例，将布料沿着胸围包裹人台一圈，得到箱形的造型，此时测量胸围的松量为12 cm，将前肩部和后肩部分别收省做平服，袖和领处分别修剪出袖窿和领圈形状，然后将其拷贝成纸样即可。立体裁剪的方法直观、适体性好，但体型覆盖面窄、成本高，要求操作者技术好。

衣身基本纸样也可用平面和立体相结合的方式获取。首先经过大量人体测量得到人体各部位数据，对人体结构形态特征进行分析，并将其归类，在此基础上制出短寸式原型（即定寸法），然后在人体上试衣、修正并测量原型的斜向角度和省量大小，运用数理统计方法分析推导出原型各控制部位的计算公式。现在很多服装企业的纸样设计就是运用平面与立体相结合的方法，有操作便捷、体型覆盖面广、成本低的优点。

二、衣身基本纸样采寸

1. 纸样净体采寸

女衣身基本纸样采用女体中间体型，即号型为165/84A，净体尺寸为：胸围84 cm，背长38 cm，前腰节长42.4 cm，肩宽37 cm，臀围90 cm，腰围66 cm，颈根围36 cm。

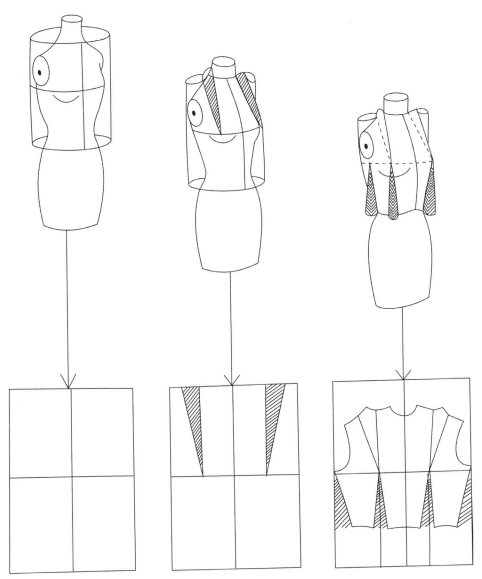

图 5-1 立裁

2. 各部位放松量及公式推算

（1）胸围放松量为 12 cm，其中 8 cm 是满足人体呼吸和基本的活动量，4 cm 是省损量，即收省时将胸围线部位收进的量。臀围和腰围也各放 8 cm。

（2）胸宽、背宽：胸宽 = 背宽 −1.5 cm，背宽 =0.15B+4.2 cm（B 为成衣胸围即 96 cm）。

（3）领围加放 2 cm 松量，可满足脖颈的基本活动量，即 N=36 cm+2 cm=38 cm，后横开领 =0.2N−0.5 cm，前横开领 = 后横开领 −0.3 cm（～0.5 cm），前直开领 =0.2N，后直开领为后横开领的三分之一。

（4）为了优化服装的视觉效果，肩宽在净体肩宽基础上加 2 cm，即 39 cm，人体肩部形态为前肩斜、后肩平，呈前倾姿态，基本纸样的肩斜在人体肩斜 20°的基础上，分配为前肩斜 22°，后肩斜 18°，换算成比例分别为：前肩斜 15：6、后肩斜 15：5。

（5）从后颈中点往下以 B/6+5.5 cm 定袖窿深线。

（6）胸高量由净胸围 /32 而得到。胸高量也称为丰胸量，决定前后腰节差的大小。前腰节指前颈侧点到腰节的距离，后腰节指后颈中点到腰节的距离，一般来说，腰节差 4.4 cm 时，丰胸量为 2.6 cm，胸省比例为 15：5；腰节差 3.5 cm 时，丰胸量为 2.2 cm，胸省比例 15：4；腰节差 2 cm 时，丰胸量为 1.8 cm，胸省比例 15：2.5。

三、基本纸样绘制

基本纸样绘制如图 5-2 所示。

1. 先画长为 B/2+6 cm、宽为背长的长方形。

2. 从上平线量取 B/6+5.5 cm 画袖窿深线（胸围线），将胸围二等分。

3. 按背宽 =0.15B+4.2 cm、胸宽 = 背宽 −1.5 cm 计算尺寸，画出背宽线和胸宽线。

4. 画后横开领和直开领，根据 15：5 的胸省比例画后肩斜线，从后颈椎点量取肩宽的一半定后肩点，画肩胛省后肩点下移。

5. 同样绘制前片横开领、直开领和肩斜线（15：6），前小肩宽等于后小肩宽（不含肩胛省）。

6. 前片从胸宽线往袖窿方向平移一个丰胸量即 2.2 cm。

7. 胸点离前中线 8.5 cm，位于胸围线上，以胸省比例 15：4 画肩省，则前肩点也下落。

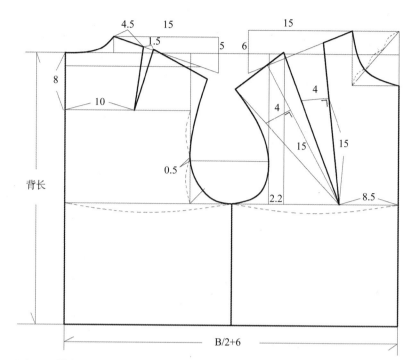

图 5-2 基本纸样

四、基本纸样的省量分配

基本纸样是箱形的造型框架，如果将胸以下的浮余量通过收省去掉，则得到基本纸样的合体造型。若要使服装造型更立体，收省的部位应分散（图 5-3），收省量总共为（B−W）/2+ 省损量 2 cm=11 cm，在腰部从后至前依次收六个省，各省的比例分配分别为：7%、18%、35%、11%、15%、14%。我们注意到侧缝省只占总省量的 11%，主要是考虑到袖窿的形态稳定性，如果侧缝收省太多，窿底会扩张，那么装袖后袖底就不平服。因为女性的后腰凹度不明显，所以女装的后背也不能收省过多。

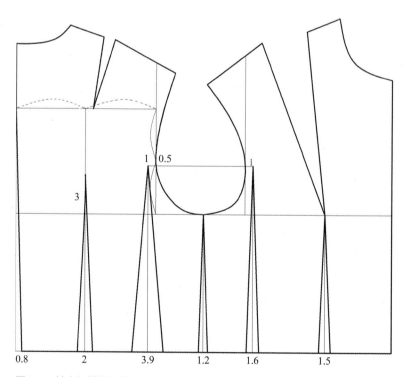

图 5-3 基本纸样的腰省分配

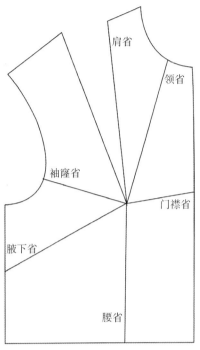

图 5-4　省的名称

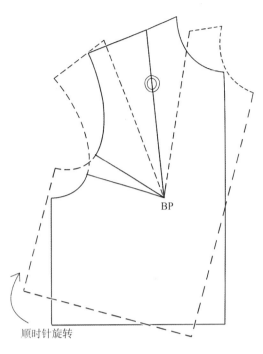

图 5-5　省的旋转转移法

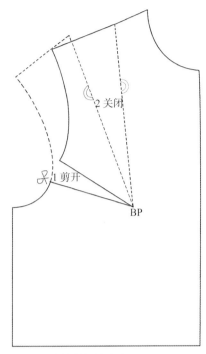

图 5-6　省的剪切转移法

第二节　衣身省移原理及设计

一、省移原理

省道在服装中的作用是减少服装与人体之间的空隙量，使服装贴身合体。省道的消失点一般指向人体的凸起部位，女体腰以上的凸起部位有两个：乳胸和肩胛骨。衣身基本纸样中包含两个省，即前肩省与后肩省，这两个省道使得胸部以上以及肩部合体，而胸以下的部位是宽松离体的，整件衣服构成了箱式造型。

由上可知，基本纸样里的前肩省与后肩省分别是为乳胸和肩胛骨而做的，那么反向思维一下，为乳胸和肩胛骨而做的省道是否非要在肩部呢？其实不然，在袖窿、领圈、前后中心线和腰部都可以收省，也就是说这两个省道围绕乳胸和肩胛骨可以设在衣片的其他部位且不会改变衣服的造型和大小，这就是省移原理。这种现象用立体裁剪方式很容易得到验证。

根据省道所处衣片部位的不同，将省道分为肩省、领省、袖窿省、腋下省、腰省和门襟省，它们之间可以互相转换。（图 5-4）

二、省移设计

在平面纸样上，省移的方法可分为旋转法和剪切法两种。旋转法是将原省张开的角度以胸点为圆心旋转转移到新省中，剪切法是将新省位剪开，通过关闭老省将其角度转移到新省中。图 5-5、图 5-6 分别是肩省转移到袖窿省的两种方法，转移后新省到老省的一段轮廓线均产生了位移。

省道转移实质上是省张开角度的等量转移，也就是说省道转移后角度不变，这意味着围绕凸点收省的角度不变。而省道长度会随着新省道的长短发生变化，省道越长，则省道在衣片边沿张开的量越大。纸样设计时，省道的转移根据款式需要可分为以下几种情况。

1. 单省转移。由一个省转为另一个省，如图5-7、图5-8所示，肩省分别转移为领省、门襟省。当然，肩省也可以转移为其他省，可举一反三。

2. 单省分散转移。由一个省转为另外两个以上的省，如图5-9是将肩省分别转移为一个袖窿省和一个门襟省；如图5-10是为了方便后面设省，先将肩省转移到袖窿上，然后在肩上设置三个省的位置，再将袖窿处的省转移到三个肩省中；如图5-11和图5-12是将单省转移到另两个平行的省中，与前面的都通过省尖的放射状省相比，又得到不一样的效果。

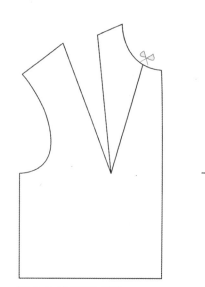 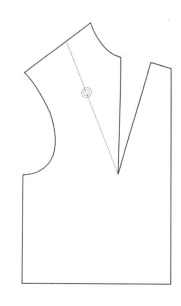

图5-7 肩省转为领省

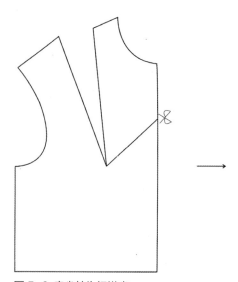 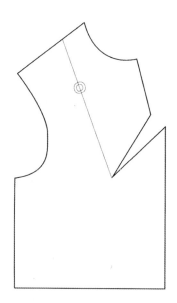

图5-8 肩省转为门襟省

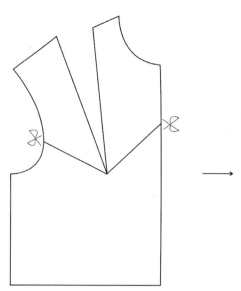 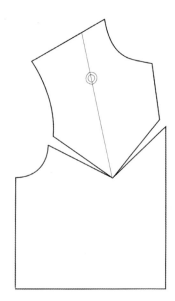

图5-9 单省分散转移（一）

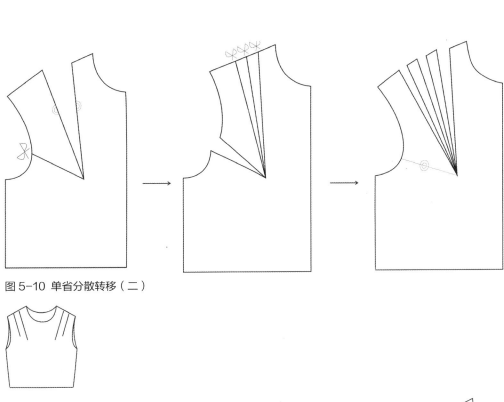

图 5-10 单省分散转移（二）

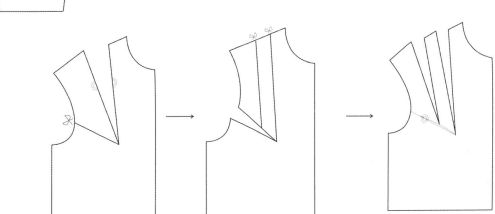

图 5-11 单省分散转移（三）

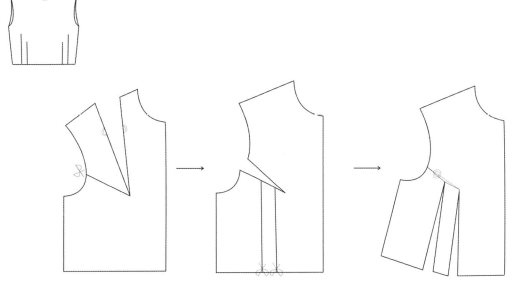

图 5-12 单省分散转移（四）

3. 双省集中转移。由两个省转移为一个省，如图 5-13，把肩省和腰省一起转移到袖窿上，变成一个袖窿省。

4. 复杂省道设计。跨越左右身的省道设计较为复杂，如图 5-14 把肩省和腰省转移到门襟和另一边衣身的肩上，跨越了左右身；图 5-15 最后得到的腰省之一也跨越了衣身的左右。

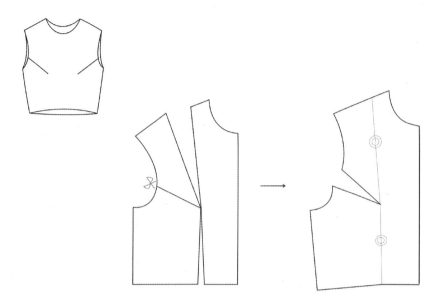

图 5-13 双省集中转移

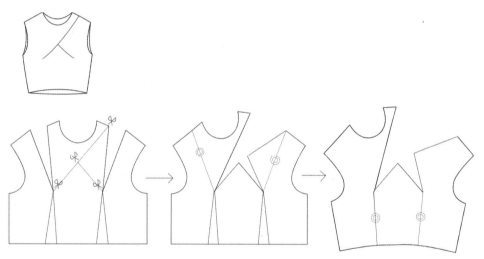

图 5-14 复杂省道设计（一）

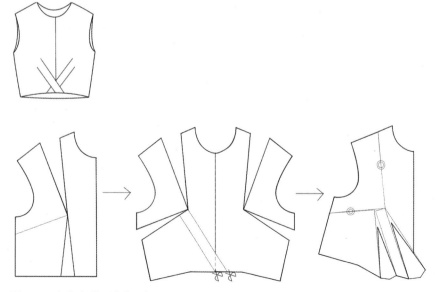

图 5-15 复杂省道设计（二）

三、褶皱设计

褶皱其实是省道的另一种形式，在衣片边沿上起到收省作用，但指向胸点或肩胛部分是散开状态，它更具装饰性。由于褶皱的形成产生许多面料的聚集和堆叠，故其通常用于较薄的面料。褶皱分为碎褶型和规则型，碎褶型是把多余的量进行抽缩，形成活泼的细小褶皱；规则型是将多余量做成等量规整的褶皱，风格较为严肃。

很多情况下，有褶皱的服装是把省道转移到褶的位置，将省量变成褶量，这也就体现了褶的功能性（图5-16、图5-17）。在有些服装中，如果褶量造型不够，还可以进一步通过剪切纸样来拉大褶量，达到造型要求。如图5-18，在肩省关闭以后，沿着分割线向袖窿处画三条剪切线，剪开后将其所在分割线端拨开一定的量，连顺分割线，即增加抽褶量。图5-19也同理操作。

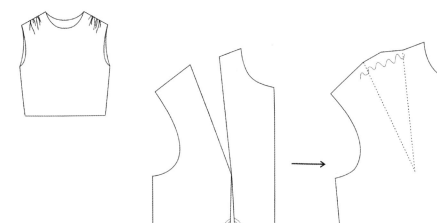

图 5-16 抽褶（一）

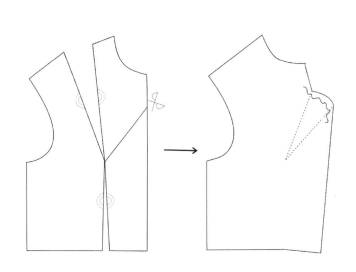

图 5-17 抽褶（二）

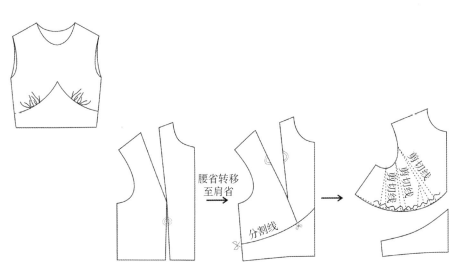

图 5-18 抽褶（三）

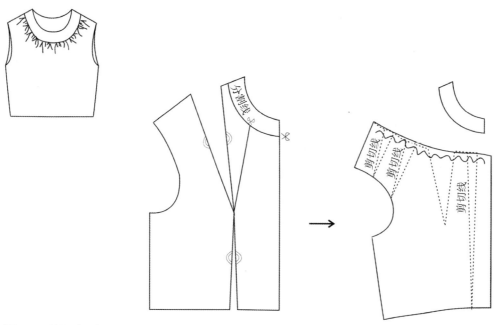

图 5-19 抽褶（四）

四、分割线设计

如果一件服装同时出现好几个省道，一方面，在视觉上会显得线条凌乱，缺乏美感；另一方面，在工业化生产中，多线条缝制效率也较低，因为缝制两个省道比缝制一条分割线更费时。如果将这些省道连接起来变成分割线，即"连省成缝"，则这两个问题就迎刃而解了。（图 5-20、图 5-21）

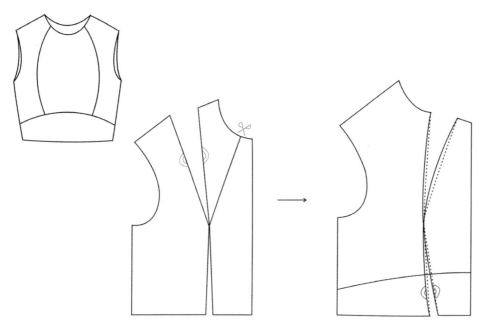

图 5-20 分割线设计（一）

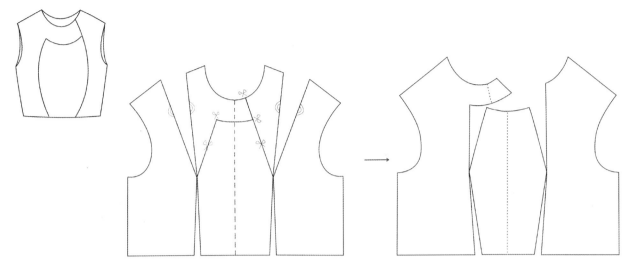

图5-21 分割线设计（二）

连省成缝的分割线在服装上通常表现为公主线、刀背缝、后背与前胸的横向或斜向分割，它们都要经过或靠近人体的凸点位置，多用在较厚的面料中，因为薄料分割后容易产生缝缩，且缝头易绷裂。当然分割线也有单纯起装饰作用的，不具有收省的功能，设计上比较自由。

第三节 衣身其他部位纸样设计

一、衣身结构平衡设计

衣身结构平衡是指衣服在穿着状态中前后衣身在腰节以上部位能保持合体、平整，表面无造型因素所产生的皱褶。衣身结构是否平衡是服装质量评价体系中一个重要的组成部分，其关键是如何处理前后肩省。根据不同服装对造型的要求，通常有以下处理方法：

1. 前肩省可以部分或全部转移至下摆形成摆量，并且底摆起翘，常用于"A"字造型的服装。（图5-22）

2. 将前肩省部分转移至劈门，剩余的根据款式造型进行处理。（图5-23）

3. 把前肩省部分转移至前袖窿，使其在袖窿中形成浮余量，与后肩省转移至后袖窿的量形成对应，使前后袖窿平衡。其余的肩省量根据款式需要进行处理。（图5-24）

4. 前肩省中一小部分留在肩上形成浮余量，其他的转移，与后肩部分省量产生的浮余量形成对应。（图5-25）

5. 后肩省可以部分（0.3 cm）转移到领口作为松量，部分（0.7 cm）留在肩上（可作为后肩吃势，也可与前肩浮余量对应），部分（0.5 cm）转移至袖窿，或者不转移至领口，只放在袖窿和肩上。（图5-26、图5-27）

二、口袋纸样设计

口袋的产生最初是因为装置零散小物以拿取方便，同时在服装上也有装饰效果。当今也有设计师把口袋作为设计元素，属于纯装饰性设计语言，只考虑形式美感，不牵涉结构因素。设计具有实用功能的口袋时需要考虑人因功效，比如上衣腰袋，袋口大小须以手掌宽为基准，通常为手掌加放 3 cm 左右，成年女性的手掌宽为 9 cm ～ 11 cm，成年男性的手掌宽为 10 cm ～ 12 cm，而大衣的口袋，其加放量应大些，以便与服装整体协调。上衣胸袋只插手指进去，所以袋口宜小，女装为 8 cm ～ 10 cm，男装为 9 cm ～ 11 cm。

袋位的设计也重要，可影响整件服装的平衡与协调美感。上衣腰袋的袋口高度以衣摆线为基准，短上衣在腰节线下 7 cm ～ 8 cm，长上衣在腰节线下 10 cm ～ 11 cm。袋口的中心位置在前胸宽线向前 0 cm ～ 2.5 cm，一般直身袖为 0 cm，弯身袖为 2.5 cm。胸袋口因中山装类和西装类而不同，中山装袋口前端对准第二粒纽位，西装袋口前端参考胸围线向上 0 cm ～ 2 cm 左右，胸袋后端距胸宽线 2 cm ～ 4 cm。

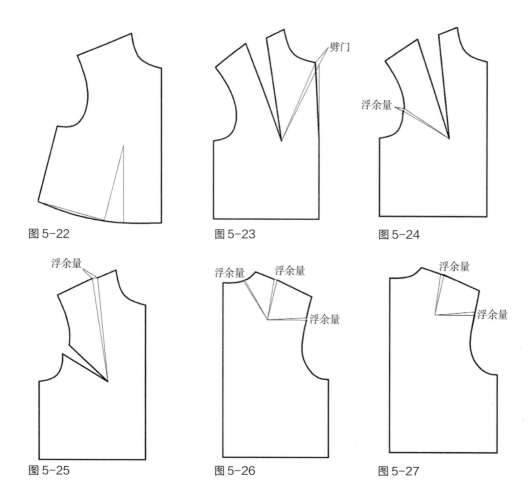

图 5-22   图 5-23   图 5-24

图 5-25   图 5-26   图 5-27

三、门襟纸样设计

门襟是服装的开合部位，随不同的服装而具有不同的形式，有直线襟、斜线襟和曲线襟，有半开襟和全开襟，有明门襟和暗门襟、单门襟和双门襟、对襟和叠襟，等等。对襟是左右襟对接不叠合，可用拉链或纽袢闭合；叠襟则会左右叠合，分门襟和里襟，门襟在上锁扣眼，里襟在下钉纽扣，叠合的部位称为搭门或叠门。单排扣是单门襟，双排扣是双门襟，一般单门襟的叠门宽是这样设计的：夏装小于或等于2cm，春秋外套类2cm～2.5cm，冬装大于或等于3cm。而双门襟的叠门要更宽，一般在5cm～12cm，通常取7cm～8cm。

里襟上纽位确定也有一定的规律，一般在服装的腰位上需钉一粒纽扣，最下面的纽位的确定随服装品类不一，衬衫是从底摆往上量衣长的三分之一减去4.5cm左右，外套常与袋口平齐。

思考与练习

1.女体上身结构与形态有什么特征？

2.衣身基本纸样的设计原理是什么？熟练掌握衣身基本纸样的绘制。

3.衣身省移原理是什么？试练习通过胸省转移得到更多不同形态和部位的省。

4.结合时尚款式练习通过转省来设计衣身的褶与分割线。

5.怎样通过处理衣身省道使得衣身结构平衡？

6.设计口袋、门襟和纽位的大小与位置应该注意什么？

服装纸样设计

第六章
领子纸样原理与设计

衣领是服装构成的视觉焦点，其种类繁多，结构复杂，设计方法多变。我们从原理上分析总结衣领的构成关系，衣领的纸样设计便有了规律可循。

第一节　领子的构成原理及分类

一、领子的构成原理

1. 领子的构成要素

领子的构成要素包含但不限于领座、翻领、驳头、领圈。领子的各部位也相应有领上口线、领下口线、翻折线、驳折线、装领线、驳折止点这些名称。

2. 领子的构成原理

人体的脖颈自然状态下呈前低后高的倾斜状态，如图6-1。领圈的基本原型是围绕脖颈根部一圈所得到的形态，领子是缝合在其上的绕颈竖立或处于贴在肩部状态的覆盖物。我们把直立在领圈上的立领称为标准立领，它由长方形布条构成。通过实践分析，我们知道标准立领向上或向下弯曲，可以派生出其他领型。

立领标准造型的领片中，领底线向上弯曲越大，上口越短，变成常态立领。当弯曲到领底线的曲率与领圈相同时，就变成原身出领。这时，领子的性质发生变化，领子变成贴边领。（图6-2）

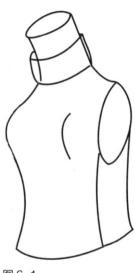

图6-1

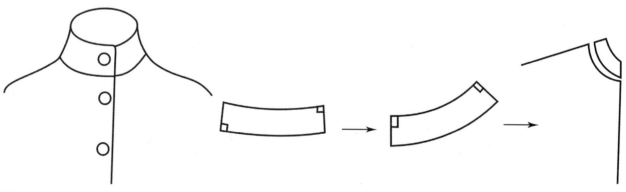

图6-2

立领标准造型的领片中，领底线向下弯曲越大，上口越长，变成花盆领（图6-3）。当弯曲到领底线的曲率与领圈相同时，就变成平领。当领子使用软性材料时，由于领底线向下弯曲，上口大于下口，领上口比下口重，领子装好后领上口往下倒伏，就构成了翻折领。

由此，我们得出结论，领底线的弯曲方向和弯曲度制约着领子的造型。

3. 领子纸样设计的影响因素

领子的纸样设计需要考虑的因素有很多，首先要面对的是款式及穿着因素，即服装的领型款式特点以及穿着的功能；其次是人体因素，不同的人体，脖颈的倾斜状态及肩部倾斜状态也不一样，需进行相应的调整；再次是运动因素，脖颈的屈曲、扭转、咀嚼等会影响领子的松量及大小；最后是面料及缝制因素，面料的性能特征和缝制因素同样会影响领子的尺寸设置。

二、领子的分类

按造型领子可以分为无领、立领、翻折领、平领，如图6-4。无领只有领圈的变化，立领只有领座的变化（翻立领也有翻领的变化），平领只有翻领的变化，而翻折领既有领座的变化也有翻领的变化。

以上领子分类涉及的仅为基本领型，实际上服装的领型千变万化，每种基本领型都能变化出很多不同的样式，比如抽褶领、垂浪领、连身领等，还有一些不规则形状、无法命名的领型。

第二节 基本领型的纸样设计

一、无领

无领结构相当于领圈结构，领圈又有基础领圈和变化领圈之分。

基础领圈位于脖颈根部，是其他领圈变化的基础，其纸样设计由横开领和直开领大小决定。后横开领 =0.2N-0.5cm（～0.6cm），N为合体领圈的长度，前横开领 = 后横开领 -0.3cm（～0.5cm），后直开领 =2.2cm ～ 2.4cm，前直开领 = 前横开领 +1cm。对于无领，如果前横开领大于后横开领，容易造成前领口不贴服而起空。

变化领圈是指对基础领圈的扩宽和扩深所产生的造型变化，这里牵涉相似形变化和变形变化两种情况。对于合体外套类，领圈的扩宽和扩深只是适应层次的增加，属相似形变化，可在基础领圈的造型上扩宽 0.5cm ～ 1.5cm，领深做同等量的扩深。而对夏季服装来说，领圈的扩宽和扩深则是造型设计所需，

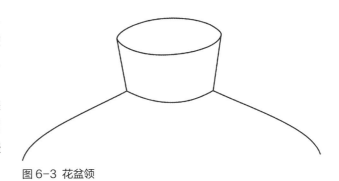

图6-3 花盆领

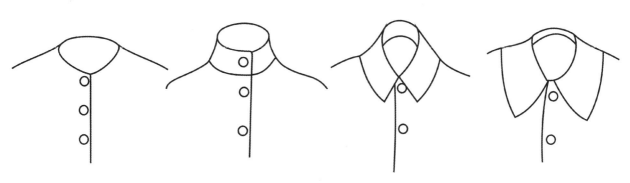

图6-4 不同造型的领子（依次为无领、立领、翻折领、平领）

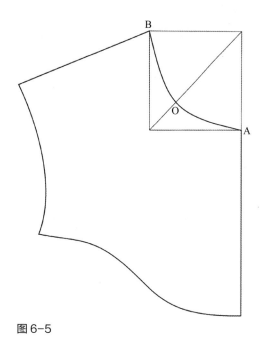

图 6-5

也就是说它强调的是外观形态，属变形变化，这时，领圈的扩宽和扩深设计自由。但对领圈的扩宽来说，有一点需要把握，那就是扩宽后的领圈前横开领比后横开领小 0.3 cm～0.5 cm 有助于拉紧前领口。

对于要装领的领圈，后直开领不宜开深，除非是类似于和服领的纸样设计。

二、立领

1. 立领

服装中常用的立领是上小下大，呈抱脖状。设立领高 a 为 5 cm，前中位置考虑低头时的舒适性，设定为 a-0.5 cm，即 4.5 cm。实际设计时要考虑面料厚度因素，领子缝合后领圈会比设计时的尺寸小，若立领的领圈就以基本型的领圈来定，则穿上后领子会卡脖，领圈会显得紧，故立领领圈在原型的基础上需要扩宽 1 cm，扩深 0.5 cm～1 cm。

立领的纸样设计首先要在领圈上找到切点的位置，领圈的前中点 A 点至 O 点（O 点为弧线 AB 的中点）这段弧线是选择切点的位置，具体在什么地方作切线要根据造型而定，而领圈的对角线与领圈的交点是上限，见图 6-5 中的 O 点，这也

是领前部最贴脖的位置，A 点是立领前部最宽松的位置。本例选择领圈的四分之一处即 C 点引出切线，在切线上取 D 点使得 CD 与 CB 两线相等，D 点又称为领肩同位点，在 D 点外的切线上作 15：10-a（这是上限，也是后领最贴脖的状态）两条垂线，并连成一个三角形，在三角形长边上量取后领圈弧长定后领中线位置，连顺领下口和领上口即可得到立领纸样，见图 6-6。

注意，以上的立领配领法对于不同大小领圈和领高同样适用，如此看来，立领的纸样设计是有规律可循的。如果对立领的上口做造型变化，能延展出许多不同的立领。

2. 翻立领

翻立领由立领和翻领两部分组成，比如男式衬衫领是立领和翻领上下分体结构，两者弯曲方向相反，以达到较好的贴服脖颈状态。其纸样设计采用领基圆法，领基圆是指领子立起来时形成的内圈，翻领松量为 a+b：2（b-a），其中，a 代表领座高，b 代表翻领宽。

翻立领的纸样设计分两步走，见图 6-7。首先用领基圆的作图方法作出翻立领的上下领，先将领圈扩大 1 cm，然后从肩颈点 B 向右水平方向量取 0.8a，以 D 为圆心将剩余的线段长为半径画四分之一弧线，这个弧线所在的圆称为领基圆。在前领圈四分之一处取 O 点，过 O 点作领基圆的切线，再向下平移 0.9a，找到领肩同位点 C，以 (a+b)：2 (b-a) 和后领弧长定后领中线。然后将上下领分体，使各自朝不同的方向弯曲，领座以领肩同位点 C 为基础向上以 15：2～15：4 定上翘度，量取原领底线长定领座后中心线；再以 M 点画后领中

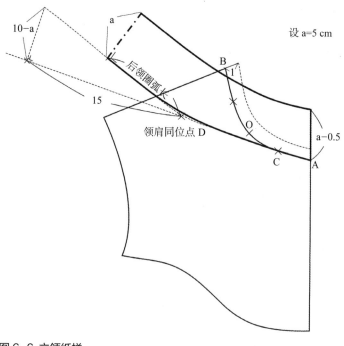

图 6-6 立领纸样

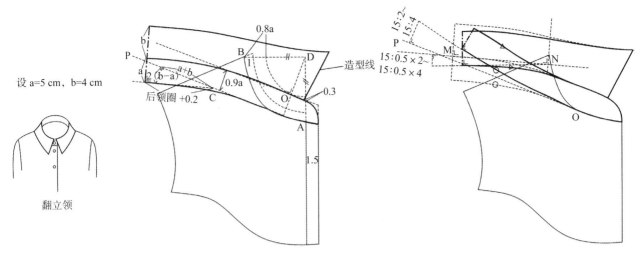

设 a=5 cm，b=4 cm

翻立领

图 6-7 翻立领

心线的垂线，过肩颈点作该
垂线的垂直线得交点 N，以
15：0.5×2 ~ 15：0.5×4
定翻领的下凹度，翻领的下
口线长与领座的上口线长相
等，重新画好翻领的造型。

3．连身立领

连身立领是指立领的全
部或部分与衣身连为一体，
也就是直接从衣身领圈的全
部或部分延伸出的立领。

连身立领纸样设计的关
键是要使领子在衣身的领圈
部分能立起来，并从衣身到
领子的立面形成双曲面。有
几种方法可以实现衣身到领
子的曲面关系，第一，利用
归拨工艺，将领子上口拨开
0.5 cm ~ 1 cm，领上口呈往
外撑并的状态，领中间则形
成凹面，领子就立起来了，
如图 6-8。第二，设计省道，
让领子与衣身的省道连接在
一起，前片在领上口省道
空开的地方加入熨烫拨开量
0.5 cm ~ 0.7 cm，或加入重
叠量，如图 6-9，后片将肩省
一部分转移到领子。根据省

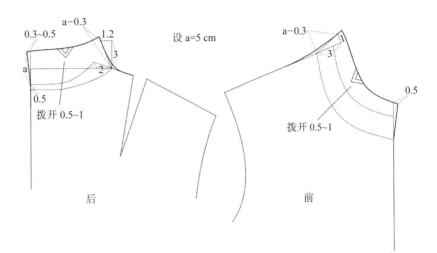

图 6-8 连身立领（一）

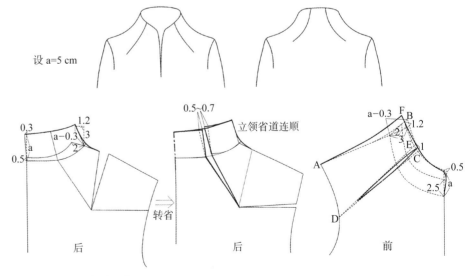

图 6-9 连身立领（二）

道位置在前片袖窿上找一个点 D，将其与领口连接，剪开连接线，将上部分
往左拨开 1 cm，再修改省道。第三，利用分割线设计省道，同样可将重叠量
加在领上口，如图 6-10。将肩省转移到领口，在领上画分割线与领省的一

端相连接，再往外放出 0.7 cm 左右的重叠量，领省另一端画弧线至叠门。

连身立领在领侧的结构是以 3：1.2 ～ 3：1.5 来定斜度，领前中和后中的上端各往外撇出 0.5 cm 左右使之造型美观。

三、翻折领

1. 关门翻领

关门翻领是指有领座和翻领、领前中不敞开的翻折领，其制图方法采用领基圆法。

女衬衫领就是一种关门翻领，如图 6-11。设 a 为 3.5 cm，b 为 5 cm，纸样设计时先将领圈扩宽 1 cm、扩深 1.5 cm，在 AO 上量取 0.8a 得到 B 点，以 O 为圆心，OB 为半径画圆，得到领基圆。根据领子造型画出翻领的前领线，在其上 1 cm 处引一条线与领基圆相切，距 0.9a 作该切线的平行线，找到领肩同位点 D，再按 a+b：2（b-a）量取后领弧长定后领中心线，画出领子的外轮廓造型。

对于夹克这类外套的关门翻领，领圈要开大些，领子的作图方法同上。以上设计的领子是领座与翻领连体，翻折后上口大下口小，领口豁开，工艺归拨也很难使其抱脖。如果将领座和翻领分体，缩短翻折线，则能达到很好的抱脖效果，分体翻领塑造的领型效果符合高档服装的需要。

夹克领座与翻领的分割方法同翻立领，如图 6-12，只是分割线从翻折线的后中往领座方向移进 0.8 cm，前中往里缩进 5 cm ～ 6 cm，以防止分割线外露，领子的翻折位置不变。按 15：（10-a）重新画领座，这时领座内凹。MN 与后领中线垂直，过肩颈点作 MN 的垂线，以此交点为准，以 15：0.5（10-a）定翻领的位置，再量取领座上口的长度作为翻领下口的长度，重新连顺领座和翻领的结构线。

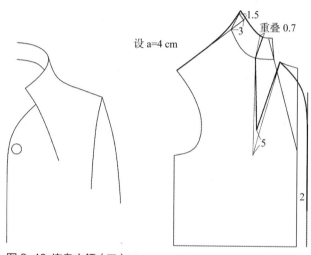

图 6-10 连身立领（三）

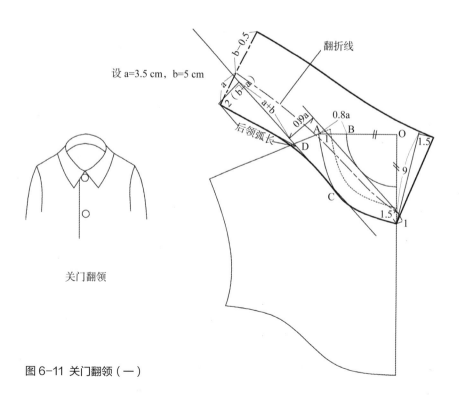

关门翻领

图 6-11 关门翻领（一）

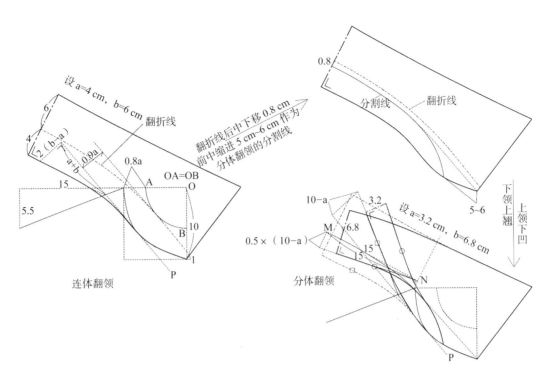

图 6-12 关门翻领（二）

2. 翻驳领

（1）翻驳领的结构原理

翻驳领属于开门翻领，由翻领和驳头组成，最常见的翻驳领有平驳领和戗驳领（图 6-13）。在翻驳领的结构中，作为装领线的领底线要保持与领圈等长，驳口线的长短决定着领口的贴合程度，而领外止口线要符合所经过衣身部位轨迹的长短需要，从造型角度来说，翻领在后中的长度应小于在肩部的长度。

通常，翻领的领座在颈侧与垂直方向的夹角处 0°~27° 之间，如果把这个区域划分成三等分，则可得到领座在颈侧处与垂直方向夹角的四个状态，即 0°、9°、18° 和 27°。设 a 为 2.5 cm，b 为 3.5 cm（b 指肩处翻领，后中的翻领量应减少 0.5 cm），将四个状态的领子轨迹图作出（图 6-14），它们在颈侧处的倾斜比例分别是 3:0、3:0.5、3:1、3:1.5，领座在颈侧处高为 0.9a，翻领宽为 b，而前领的领基点 F 到翻领止点 P 的距离为 b。翻驳领

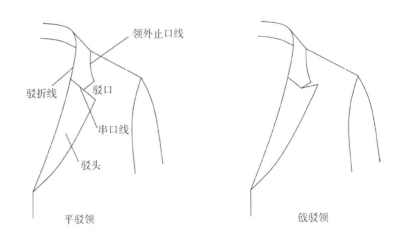

图 6-13 驳领造型

图 6-14 轨迹测量

的配领用领基点法,领基点法也可用于关门领的配领,领基点 F 位于肩线的延长线上,是通过肩颈点来确定的,两者距离根据颈侧处倾斜角度来确定,0°～9°的领为 0.7a,18°～27°的领为 0.8a。

（2）翻领松量

从轨迹图可看出,翻领的松量是后领外止口轨迹线长与后领口弧长的差,是使领子翻下后贴服、平整的参数,翻领松量可用公式 a+b：1.5（b-a）～a+b：2（b-a）计算。由于面料的厚度关系,翻领的领面和领里的松量计算各有不同,领面的松量应大于领里的松量。如果领座侧面的倾斜角度不一样,领面的翻领松量也会不同,领座侧倾角度 0°～9°的为 a+b：2（b-a）,领座侧倾角度 18°左右的为 a+b：1.9（b-a）,领座侧倾角度 27°左右的为 a+b：1.8（b-a）。而领里的翻领松量则是领座侧倾角度 0°～9°的为 a+b：1.7（b-a）,领座侧倾角度 18°左右的为 a+b：1.6（b-a）,领座侧倾角度 27°左右的为 a+b：1.5（b-a）。

3. 几种常见翻折领的纸样设计

（1）关门翻领

设 a 为 3.5 cm,b 为 5.5 cm。取衣身基本型,将领口的肩部和领深各扩大 1 cm 和 1.5 cm,将肩线延长 0.8a 得 F 点。先画领尖造型,从前领深点画前领辅助线 9 cm,再垂直往前 1.5 cm 定前领线,从前领线底端往上 1 cm 定一点,连接该点与 F 点,将该连线平行移动 0.9a 并与原领口线产生交点 C,量取 D 点,使 CD 与 CA 相等,在 CD 上量（a+b）：1.6（b-a）,通过后领弧长定领后中线,连顺领底线再按造型画领外口线。（图 6-15）

（2）平驳领

设 a 为 3 cm,b 为 4.5 cm。先将领口扩大,串口位由领造型决定,领圈斜线由 4：0.8 设定。延长肩线,根据造型特点设计驳口点位置,BF 取 0.8a,连接驳口点与 F 点得驳折线,将驳折线平行移动 0.9a,再用（a+b）：1.7（b-a）和后领弧长定后领中线,领外口线按小 S 形画出。（图 6-16）

（3）戗驳领

戗驳领通常用在双排扣服装上,设 a 为 4 cm,b 为 6 cm,戗驳领的结构设计与平驳领相同,两者差别仅体现在领子的驳头造型上。（图 6-17）

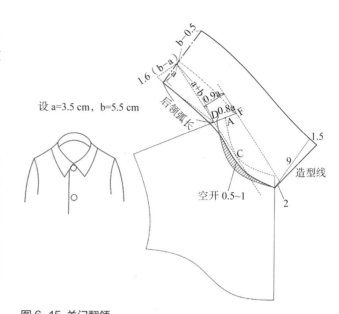

图 6-15 关门翻领

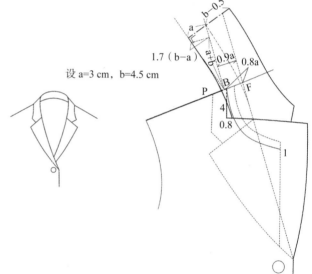

图 6-16 平驳领

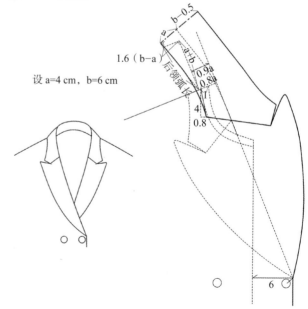

图 6-17 戗驳领

（4）青果领

青果领是翻领和驳领形成一个整体，没有领角，外形似青果的特殊翻驳领，其纸样设计原理与平驳领相同。青果领的翻领面处理有两种方法，如图6-18，一种是领与驳头处用接缝，这种方法有利于表达异色或异质面料相拼的装饰效果，并且简化了制作工艺。另一种方法是不用接缝，表达浑然一体的造型效果，无接缝青果领的纸样比较特殊，其处理方式一般与工艺相结合而进行。青果领的造型还可以在基本型的基础上进行变体设计，衍生出丰富的另类造型（图6-19）。

（5）登驳领

登驳领是立翻领与驳头相组合的领型，通常用于双排扣风衣。设a为3.5cm，b为6cm，根据领子造型设定驳口点1，按10：2画领口斜向弧线与横开领相交得到驳口点2，连接这两个驳口点得到驳折线n。过驳口点2作领口弧线的垂线并取其长度3cm，此为登驳领的前高，延长肩线0.8a得F点，连接前登驳领高点与F点得到直线m，将此连接线平移0.9a，按（a+b）：1.6（b−a）和后领弧长定领后中线和领底线，分别将翻折后的翻领与驳头造型以n与m为轴对称过去，连顺翻领止口即可得到登驳领纸样。（图6-20）

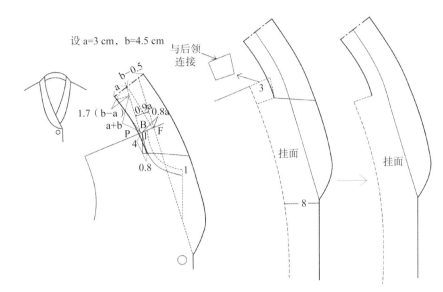

图 6-18 青果领

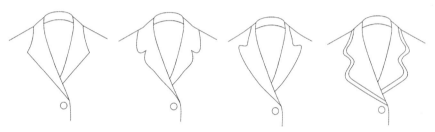

图 6-19 青果领的变体设计

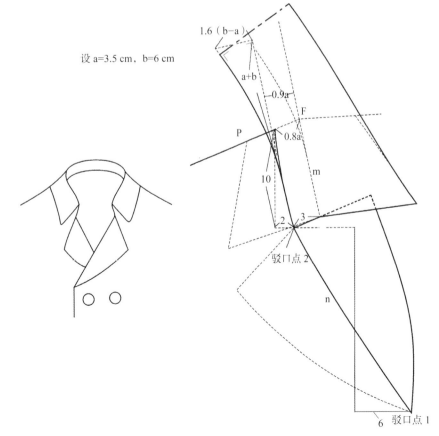

图 6-20 登驳领

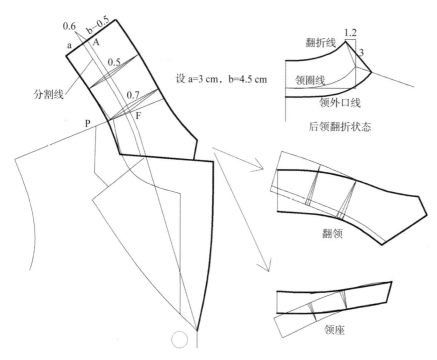

图 6-21 翻驳领分体设计

（6）翻驳领分体设计

翻驳领分体设计是将领子分成上下两片，并分别从分割处折叠一定的量，使领翻折线短于领圈，不用借助工艺归拨，从纸样设计上就使领子呈抱脖状。具体做法是：设 a 为 3 cm，b 为 4.5 cm，衣身横开领设为 8 cm，画出翻驳领。将领子从翻折线往领底方向 0.6 cm 作与翻折线的平行线，将其作为分割线。把后领的翻折状态画出，分别测量这些线的长度：领翻折线 7.42 cm、领外口线 10.57 cm、领圈线 8.65 cm 和 AF 线 9.33 cm。由于面料具有厚度，因此，实际上领翻折线、领外口线要加上面料的厚度即层势量 0.3 cm ～ 0.5 cm，那么分别得到 7.72 cm ～ 7.92 cm 和 10.87 cm ～ 11.07 cm，而 AF 与领翻折线的差即为领子翻折处要折叠的量，为 1.1 cm ～ 1.6 cm，图 6-21 中取 1.2 cm，分成 0.5 cm 和 0.7 cm 两部分折叠。

当折叠量小于 1.5 cm 时，在颈侧及后领的一半处折叠，折叠量分别占总量的 60% 和 40%。当折叠量大于 1.5 cm 时，折叠量应分配到三个部位，使得折叠效果均匀，领子不容易变形，也就是在翻折线上距 F 点 2 cm ～ 3 cm 靠前领圈这边增加一个折叠部位，比例为 20%，其他两个部位为 50% 和 30%，由于颈侧倒伏最大所以这一部位折叠量最多。

四、平领

平领可以看作是翻领的极限变形，也就是使翻领的领座逐渐变小，当领面几乎全部占据了整个领子而平贴在肩背上时，领座几乎为零。在实际纸样设计时要适当地给平领一个领座量，这样领子翻折后颈脖处不至于露出装领线，领座量一般控制在 1 cm 左右。平领的纸样设计是将衣片的前后肩缝重叠一定的量，使领外口缩短并产生领座，一般前后肩线的重叠量控制在 2 cm ～ 4 cm，重叠量每增加 2.5 cm，领座就增高 0.6 cm。

1. 铜盆领及其变化领

铜盆领是一片式或两片式平领，领子外口线在前中心或后中心处为圆形，领宽较大，是一种可爱娃娃领。纸样设计时，将前后衣片肩颈点重合，两肩点重叠 2 cm ～ 4 cm，领后中心的宽度按领宽量加上领座量 0.5 cm ～ 1 cm 定。前中心在原领圈基础上下落 0.5 cm ～ 1 cm，目的是领子翻折后能拉紧前领外口，将领圈修顺，领外口和前中线按领造型绘制，如图 6-22。铜盆领的造型也可以变化多样，比如将领外口形状改成波浪形，如图 6-23。若将领子分割，领外口剪切并展开适当的量（如 1.5 cm，根据造型可增减

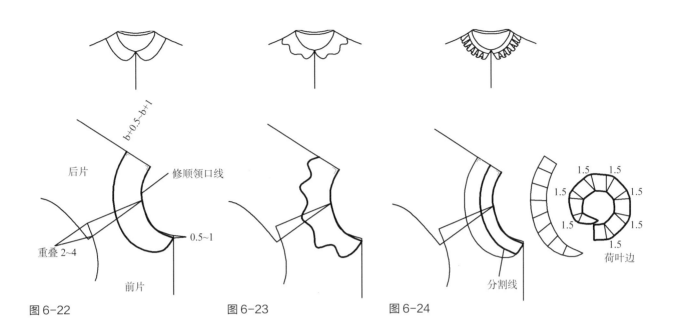

图 6-22   图 6-23   图 6-24

量），则可做成带荷叶边的铜盆领，如图 6-24。

2. 海军领及其变化领

海军领指海军将士们的军服领型，其领子为一片平领，前领为尖形，领片在后身呈方形。海军领的纸样设计如下：将前后片以肩颈点对齐，肩点同样重叠 2 cm ~ 4 cm，领后中设 10 cm 宽，前领圈下落 8 cm，领外口按造型要求设计，如图 6-25、图 6-26。

海军领的前领口可以有造型变化，比如与开门襟结合，前面叠加在一起，或者前面设计飘带以便打结，等等，只是在前领的局部做些改变。

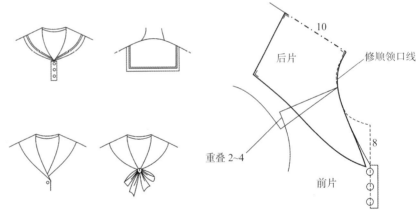

图 6-25 海军领（一）

第三节　其他领型

一、帽领

帽领又称风帽、兜帽，是一种

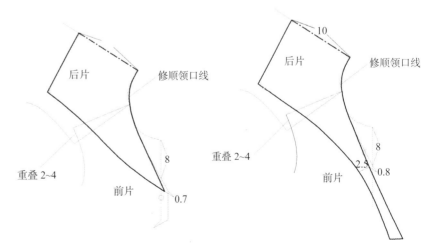

图 6-26 海军领（二）

宽松柔软的头、领遮盖物，多用于风衣、夹克、卫衣等休闲服装。

图6-27款帽领为关门领带帽，其纸样设计如下：设帽长32 cm～36 cm，帽宽20 cm～25 cm，后领弧长12.5 cm。先取衣身基本纸样，将领圈加大，沿肩线和前中线分别开大2.5 cm和3 cm，并得到A点和B点。过A点作直线AC，再平行移动4 cm作AC的平行线DE，在BE间任取一点，画一弧线与DE相切，其长度为前后领圈弧长之和。用15：2定帽领后中线的斜度，帽长线与帽宽线相垂直。延长帽长线2 cm，再垂直向下2 cm定帽领最高点，将帽领头顶连成弧线，前中向上6 cm，将前领口连顺，就构成了两片式的帽领。

如果在领的上下5.5 cm和4.5 cm处画一分割线，量其长度，再另外画一长方条作为分割片，上下宽度分别为11 cm和9 cm，那么这个帽领就变成了三片式帽领，如图6-28。

二、荡领

图6-29款荡领肩上无褶，前中呈波浪形垂荡。纸样设计时，先将领子开大，领圈由弧线变成斜线，而后在其下方分别画三条分割线，它们在肩上的间距为2 cm，在前中的间距为8 cm。将分割线剪开并往右各拨开6 cm，然后过前中线底端作一条斜线与领口线垂直，向下延伸2 cm与下摆相交，并将下摆修正成弧线即可。

思考与练习

1. 领子的构成要素和原理是什么？

2. 无领的设计要点是什么？

3. 掌握常见的立领、翻立领及连身立领款式的纸样设计。

4. 掌握关门翻领、翻驳领及其变体款的纸样设计。

5. 如何对翻驳领进行分割设计？

6. 平领的结构原理是什么？如何设计铜盆领和海军领？

7. 掌握帽领和荡领的纸样设计。

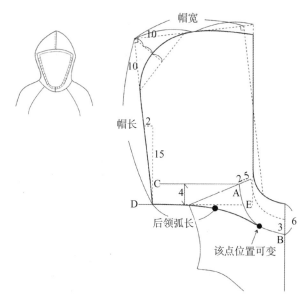

图6-27 帽领

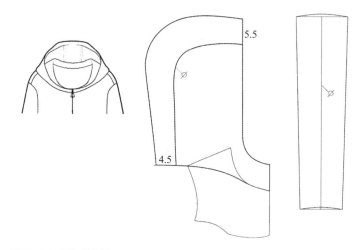

图6-28 帽领分割片

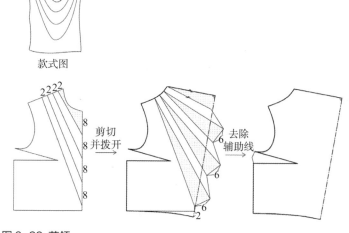

款式图

图6-29 荡领

第七章
袖子纸样原理与设计

衣袖与领一样对服装的视觉效果起着关键作用，所谓"领袖"，足见其重要程度。衣袖种类多，结构也复杂，上端与袖窿相接，下端与手腕相伴。

第一节　袖子的分类

袖子覆盖手臂的部分或全部，是构成衣服的一部分，袖子随着时装的变化而种类繁多，可以按不同方式分类。

1. 根据袖子的结构分类，袖子可分为装袖和连袖两种。装袖是指袖子和衣身在结构上完全分开，如衬衫袖、西装袖等。连袖是指袖子和衣身的一部分连成一体，如插肩袖、插角袖等。

2. 根据袖子的长短分类，袖子可以分成无袖、短袖、中袖、七分袖和长袖等，根据季节和款式的不同，袖子的长短会产生变化。

3. 根据袖子造型分类，有泡泡袖、灯笼袖、喇叭袖、花瓣袖、蝙蝠袖等，它们赋予袖子丰富多样的外观造型，使得服装款式千变万化。

4. 根据袖子风格分类，有宽松袖、合体袖和贴体袖三种。宽松袖活动性能好，但手臂放下时腋下有很多褶皱。合体袖功能和美观兼具，能适当地抬手又无过多褶皱。贴体袖腋下几乎没有褶皱，但活动性能差，抬手不易。

第二节　袖子的构成原理

一、袖子基本构成与人体手臂的关系

袖子是手臂的覆盖物，它的构成必定与手臂密切相关。袖子的结构由袖山高、袖肥、袖长等几个要素构成。（图7-1）

1. 袖山高。袖山高表示的是袖山顶点靠近袖肥线的程度，其高度是由肩点顺着手臂外侧至腋下所在水平面的长度加上面料厚度和构造因素决定的。

2. 袖肥。袖肥是指上臂的最大围加放松量，依据袖子的造型，放松量最小为2cm，一般取4cm。

3. 袖山弧线。袖山弧线的长度为袖窿弧长加放松量，放松量决定袖子的吃势大小，一般合体袖放松量小，造型立体；宽松袖放松量大，造型更趋平面。

4. 袖长。一般是指从人体的肩点量至手腕处的长度，当然有些袖子

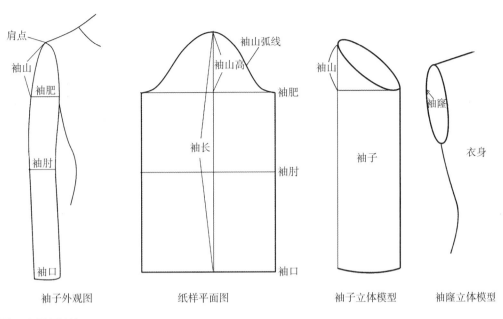

图 7-1 袖子结构

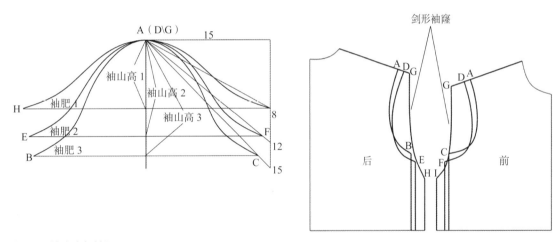

图 7-2 袖山高与袖肥

因造型不同而使肩点和袖口的位置会有所偏移，如泡泡袖的肩点向肩线偏移，落肩袖的肩点向袖身偏移。袖口线也会因袖子的长短发生变化。

5. 袖口。由于人体静止状态下，手臂自然下垂时下臂微向内侧弯曲，故五分袖以下长度的袖口要前高后低，以达到袖身平衡。

二、袖山高与袖肥、袖窿的关系

1. 袖山高与袖肥的关系

如果匹配相同的衣身袖窿，在不考虑袖子容量的情况下，则袖子的袖山弧线的长度也不变，那么袖山高与袖肥就有如下关系：袖山越高，则袖肥越小，袖山曲线的弯曲度越明显，袖子贴体度大，属于合体袖

型；反之，袖山越低，则袖肥越大，袖山曲线的弯曲度越平缓，袖子贴体度小，属于宽松袖型。（图 7-2）

2. 袖山高与袖窿的关系

袖山较高时，如果袖窿较深，服装虽贴体，但手臂上举受袖窿牵制，而且袖窿越深牵制越大，袖子的活动性能较差，因此，袖山较高则袖窿要浅。

袖山较低时，如果袖窿较浅，手臂下垂时，腋下余量多而不舒适，这时应加深袖窿深，袖子的活动性能才会较好，因此，袖山较低则袖窿要深。

在袖窿曲线长度不变的条件下，袖山较高时，袖窿要浅些，那么袖窿宽度应较大，袖窿曲线形状呈手套形（合体造型）；反之，袖山较低时，袖窿要深些，那么袖窿宽度应较小，袖窿曲线形状呈剑形（宽松造

型）。理想袖窿的窿底宽与窿深均值的比值为 63% ～ 65%，并使袖山缩缝以后的圆高与袖窿的圆高相等。（图 7-3）

三、袖山高的设计

袖山高决定袖子造型是宽松的还是合体的，在这里我们以袖倾角 15∶x 来设计袖山高，一般来说，袖倾角 15∶3 ～ 15∶8 是宽松型的，15∶8 ～ 15∶12 是合体型的，15∶12 ～ 15∶15 是贴体型的。

第三节　袖子的纸样设计

一、装袖

1. 一片袖的纸样设计

（1）一片袖的基本型

以衣身的袖窿为基础来配袖子，相比脱离袖窿配袖子的方法，可以得到与袖窿更加吻合的袖山弧线，也使袖子美观度与舒适度得到提高。

具体做法如图 7-4，先将前后衣片的胸围线对齐在一条水平线上，再连接前后肩点，其连线的中点到窿底线距离的 5/6 作为袖山的最高点，所配袖较为贴体，最高点下移减小袖山高可配得合体袖。从 A 点斜向左上方量取 AH/2 加（或减）0 cm ～ 0.5 cm 得到 B 点，将 B 点与背宽线的间距二等分再左移 0.5 cm，画垂线得到后袖肥线，将△的量移到前片的袖山高线上画垂线，则得到前袖肥线。根据袖长定袖口线，袖肘线距袖山高 32 cm ～ 33 cm。将袖肥平分后前移 0.5 cm ～ 0.7 cm 定袖中线。袖山高二等分后上移 1.5 cm 定后袖山弧线的转折点，前袖山弧线的转折点在等分点上，分别以袖肥为对称轴将袖窿底部弧线对称出去得到袖山底部弧线，再将其与袖山上部弧线连顺即可。

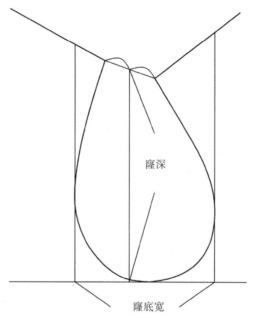

图 7-3 理想袖窿形状

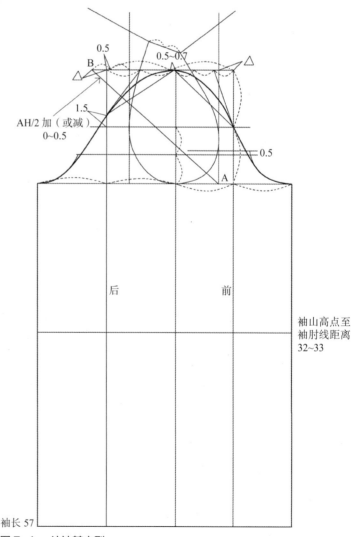

图 7-4 一片袖基本型

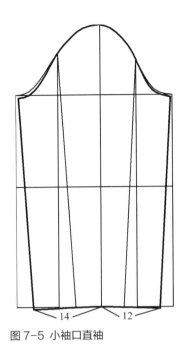

图7-5 小袖口直袖

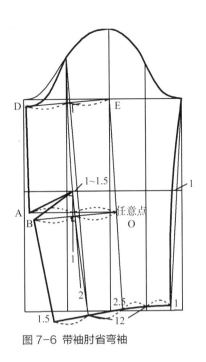

图7-6 带袖肘省弯袖

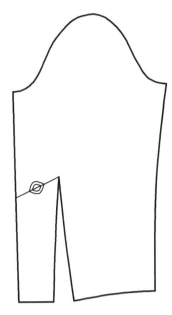

图7-7 带袖口省弯袖

（2）一片袖的变化袖

一片袖的变化袖主要有两种情况，即袖口收小袖身直身与袖口收小袖身前弯。

①对于袖口收小袖身为直身状态的一片袖，如果纸样只是将一片袖基本型的袖口两端收小，那么缝合袖缝后袖山弧会变扁，袖缝往上顶，袖口不顺。合理的做法是将前后袖中心线剪开，将外袖片分别向内侧旋转，使袖口变小达到所需的尺寸即可。（图7-5）

②对于袖口收小袖身为前弯状态的一片袖，可在一片袖基本型的袖肘位置收省，将袖缝修改为弧线，袖子变成较合体的弯袖。具体来说，先将袖中线在袖口处前移2.5 cm ～ 3 cm，设袖口大12 cm，找到后袖中心线在袖口的位置，再将其画成弧线。再设袖肘省，在袖中线上取任意点，过该点作1线的垂线，并以1线为对称轴得到对称点 A，OB 与 DE 平行且 OB 以2线为对称轴。将袖肘省转至袖口就得到带袖口省的弯袖。（图7-6、图7-7）

（3）宽松一片袖

宽松一片袖一般用在休闲衬衫、夹克、外套等服装上，宽松袖的袖倾角为15：3 ～ 15：8，配在剑形的袖窿上。宽松袖的设计受袖窿的约束小，设计自由度高，因此，我们可以不在袖窿上配袖而是直接用比例法设计纸样，方便快捷。本例中设衣身前袖窿弧长为24 cm、后袖窿弧长为25.5 cm，则总的袖窿弧长为49.5 cm，袖口大34 cm，袖长57 cm。用 AH/2-0.5 cm 计算得到袖肥，袖子向内旋转减小袖口，窿底两端往下落。（图7-8）

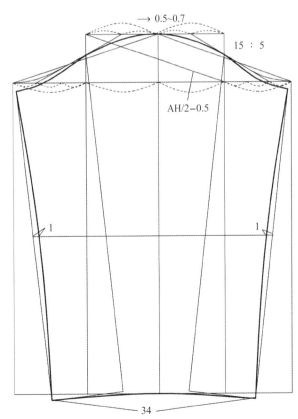

图7-8 宽松一片袖

2．两片袖的纸样设计

（1）两片袖的构成原理

将一片袖做成弯袖，袖子与手臂之间存在较多的浮余量，而且在外观上难以摆脱平面构成的感觉。如果将一片袖进行分割变成两片袖，因去掉更多的浮余量则会具有较好的立体效果。具体做法是先将一片袖做成带袖肘省的弯袖，从后袖中线分割，将前袖3cm宽的一小片剪切下来移到后片，并和后片整合在一起，得到大袖和小袖，就变成了两片袖。（图7-9）

两片袖的外形美观，立体感强，应用广泛，多用在套装、西装等合体服装和一些时装上。

（2）两片袖的制图

先将前后袖窿以窿底线对齐，取平均袖窿深的5/6作为最高袖山高，从胸宽线底端量取AH/2+0.5cm左右与袖山高线相交定袖肥。将左端的△量移到右端，袖肥保持不变。袖山高点在袖肥的中点向前偏移0.5cm～0.7cm，袖肘线离袖山高32cm～33cm。大袖与小袖在前侧互借3cm，在后侧互借1cm，后袖山A点以下的弧线以后袖肥线为轴左右对称，前袖山B点以下弧线以前袖肥线为轴左

右对称，将袖山弧线修改圆顺。袖口前高后低，并往前斜出0.5cm～2cm。（图7-10）

二、连身袖

连身袖最初是一种非常简单的袖型，衣袖和衣身相连，没有肩斜或其他任何使之适体的手段。在现代设计思想和合体要求的影响下，连身袖发生了许多变化，连身袖的结构逐渐演变为复杂的构成方式，出现了插肩袖和插角袖等样式。

连身袖的纸样设计思路是将衣袖连在衣身上，把衣袖分成前后两部分（三片袖则分成三部分），分别与前后衣身的袖窿相连，前片是美观区，后片为功能区，作图时先画前片再画后片。将衣身袖窿与普通装袖在左右袖标点对齐，如图7-11、图7-12，可以看到连身袖的结构特点，衣身肩点与袖山高点之间存在间距，这个间距在普通装袖中就是袖子的吃缝量，而在连身袖中吃缝量消失了。袖中线与肩线依造型不同也存在不同的角度，形成袖斜度。

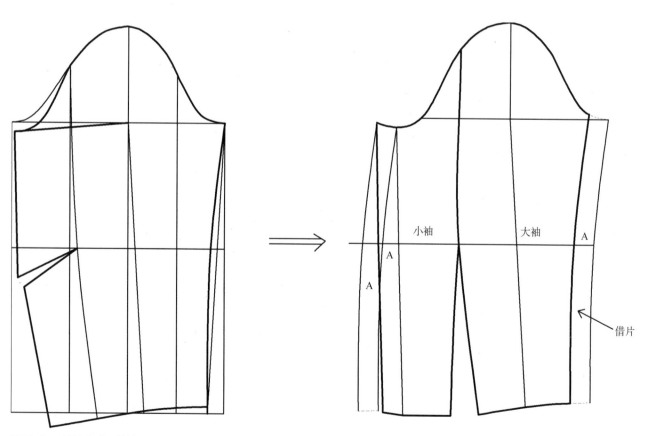

图7-9 一片袖变成两片袖

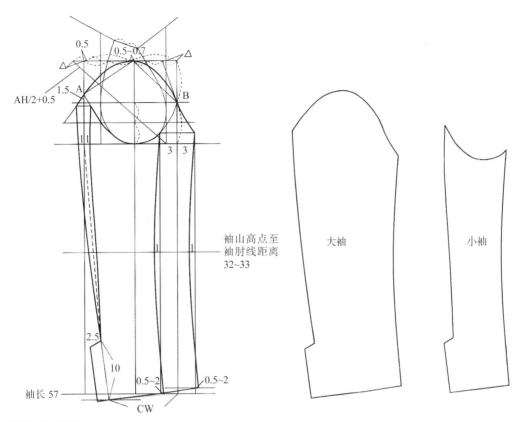

0.5
0.5~0.7
AH/2+0.5
1.5 A
B
1 1
3 3
袖山高点至
袖肘线距离
32~33
2.5
10
0.5~2
0.5~2
袖长 57
CW

大袖

小袖

图 7-10 两片袖

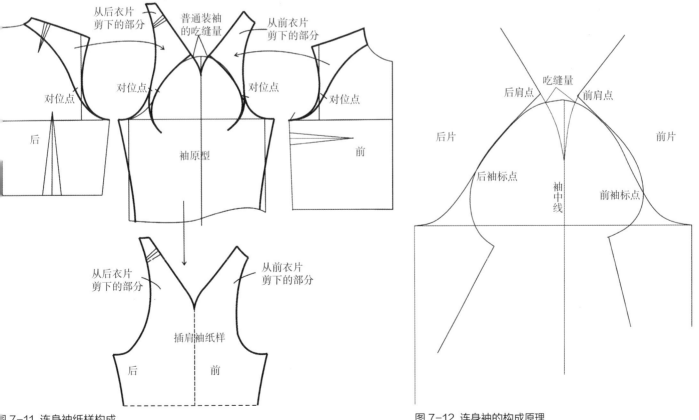

从后衣片
剪下的部分
普通装袖
的吃缝量
从前衣片
剪下的部分

对位点
对位点
对位点
对位点

后
袖原型
前

从后衣片
剪下的部分
从前衣片
剪下的部分

插肩袖纸样
后
前

图 7-11 连身袖纸样构成

吃缝量
后肩点
前肩点

后片
前片

后袖标点
袖中线
前袖标点

图 7-12 连身袖的构成原理

这里有必要界定影响连身袖造型的袖斜度以及袖山高点与肩点的间距。对于连身袖的袖斜度，我们用 15：y 来控制，当袖子为宽松型时，y 取 x 2 cm，x 取 3 cm ~ 8 cm；当袖子为合体型时，y 取 x-1 cm，x 取 8 cm ~ 12 cm；当袖子为贴体型时 y 取 x，x 取 12 cm ~ 15 cm。做连身袖时，袖山高点与肩点的距离，宽松型定为 0.1x，合体型定为 0.12x ~ 0.13x，贴体型定为 0.15x ~ 0.2x。后片的袖斜度由 15：z 来决定，宽松和合体的袖型 z 为 0.8y，贴体袖型 z 为 0.7y。

1. 插肩袖

插肩袖是袖子和衣身肩部相连的一种袖型，即把衣片部分肩部借到袖子上去，形成肩袖连体的一种袖子形式。当然插肩袖的样式可以在此基础上拓展出很多，可通过插肩线的位置在衣身上大范围内的变化获得。插肩线按顺时针方向可以从肩部移到领、门襟、下摆及侧缝上，逆时针方向可以往袖子移动，如图 7-13。插肩袖用在运动装、休闲装之类的服装中时，是以宽松的形式出现，用在套装或大衣中则常以合体形式出现。

（1）两片插肩袖

本例插肩袖为合体型，袖斜度中的 x 取 12 cm，

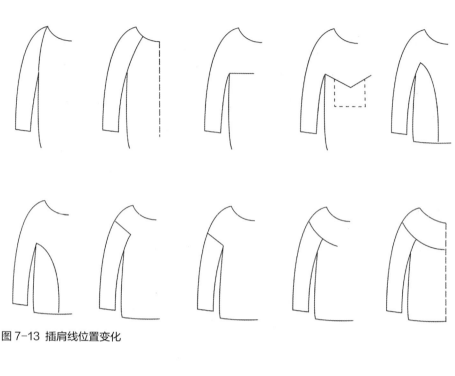

图 7-13 插肩线位置变化

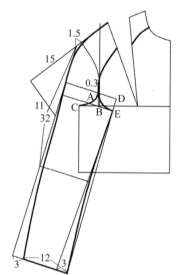

图 7-14 两片插肩袖

y 为 11 cm，根据 0.12x ~ 0.13x 可算出肩点与袖山高点间距为 1.5 cm，前袖斜线比例为 15：11，后袖斜线比例为 15：8.8。胸宽线往袖窿方向移 0.3 cm 与袖窿得一交点 A（袖标点），过 A 点作袖中线的垂线，使 AD=BC，DE=AB 且与 AD 成直角，画弧线 AE，使之与弧线 AC 方向相反、形状相似、长度相等。后片的背宽线往袖窿方向移 0.5 cm 与袖窿交于 a 点（袖标点），后袖山高与前袖山高相等，让 ad=bc 和 de=ab，且使 ad 与 ed 成直角，连弧线 ae，使弧线 ae 与弧线 ac 方向相反、形状相似、长度相等。袖标点以上的插肩线可根据款式造型特点来绘制。重新连顺袖中线，将肩袖相连处的角度抹掉。将前片的袖口往前弯转 3 cm，后片的袖口则相应外翘 3 cm，使得袖子呈合体效果，袖子跟随手臂往内微弯。（图 7-14）

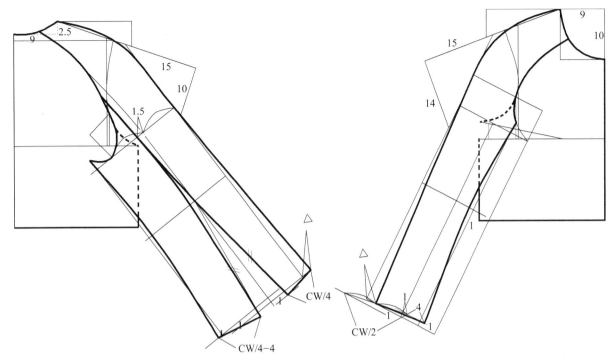

图 7-15　三片插肩袖

（2）三片插肩袖

三片插肩袖是一种更合体的插肩袖，其原理是将前袖片的一小部分借到后袖片上，再将后袖片一分为二，形成三片插肩袖。具体做法是先画出两片插肩袖，然后将前袖片分成两等分，将袖内侧分割，使剩余部分宽为 4 cm。（图 7-15）

前袖中线在袖口处往内侧弯 1 cm，在肘部凹进 1 cm，整个袖身呈内弯状态。从袖中线往外侧量 CW/2（设袖口大为 27 cm），其中的 1/2 处即为袖外侧线的位置。测量前袖的内收量△，量取△长度放到后袖上作为外撇量，这样两者产生互补。将后袖肥两等分，外侧袖口量取 CW/4，以后袖肥等分线为对称轴画另一片袖，袖口大为 CW/4 − 4 cm（4 cm 为

前袖口大的一半分割后剩下的部分），将后袖分割线连顺与插肩线相交。

（3）宽松插肩袖

本例宽松插肩袖的袖长设为 57 cm，袖口大为 32 cm，袖斜度 15：y，袖子为宽松型时 y 为 x−2 cm，本例 x 取 5 cm，y 为 3 cm，袖山高点离开肩点 0.5 cm，以 15：3 定前袖斜度，后袖斜度为 15：2.4。以 15：5 定前袖山斜线位置，前袖山斜线的长度为前 AH−0.3 cm，前后袖山高相等。前袖标点设计在前胸宽线的三分之一处，后袖标点定在背宽线的二分之一略偏下，后袖山斜线的长度为后 AH−0.3 cm，袖底缝在袖肘位置各收进 0.5 cm～1 cm。（图 7-16）

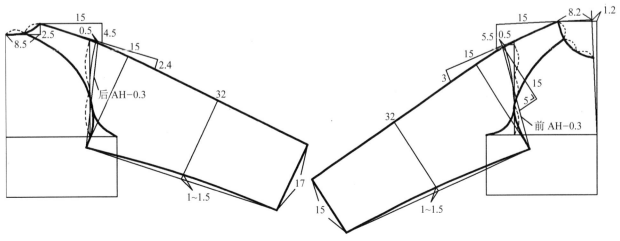

图 7-16　宽松插肩袖

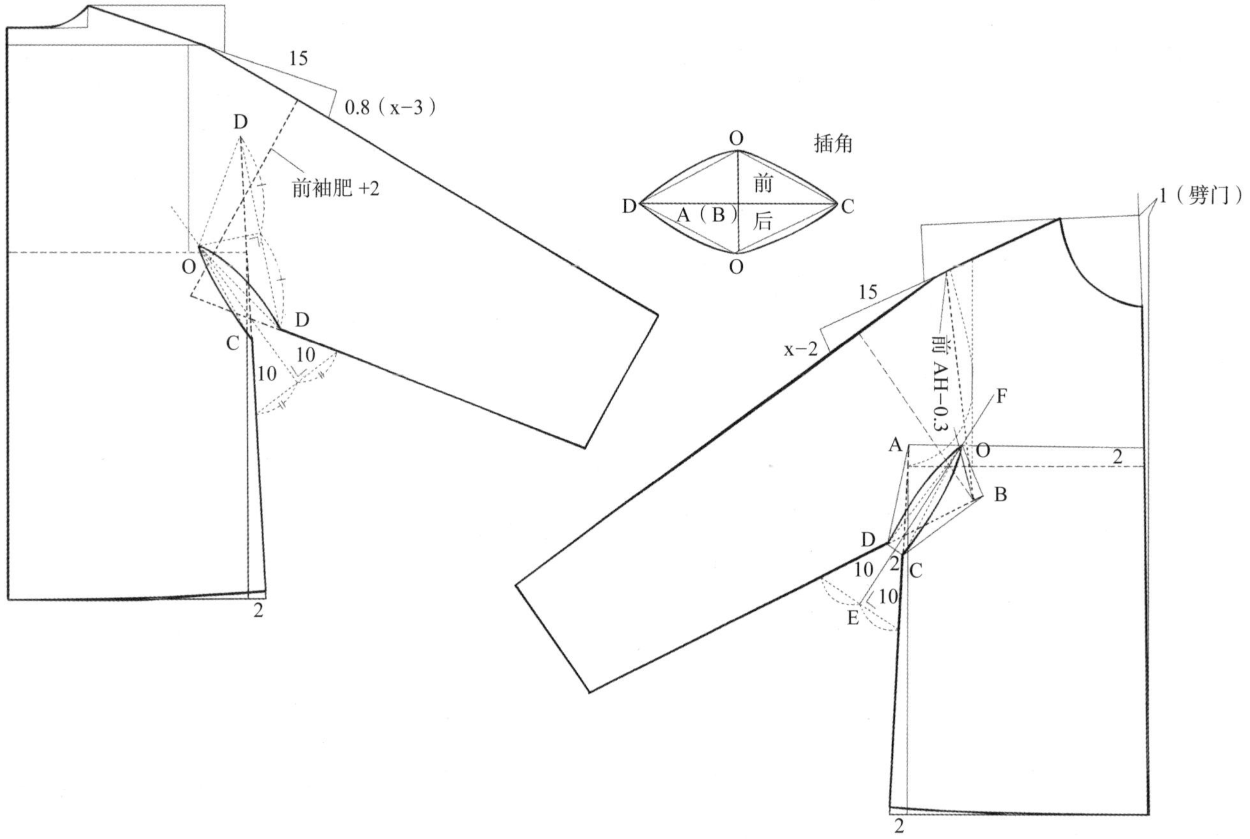

图 7-17 插角袖

2. 插角袖

插角袖是指袖与衣身一体、腋下插入三角便于手臂上抬的连身袖，一般用于宽松服装上。本例插角袖以衣身胸围 104 cm、衣长 65 cm、肩宽 47 cm 的宽松型短上衣为基础来设计，设插角袖的袖长为 57 cm，袖口大为 15 cm。

衣身按后横开领 B/20+3.5 cm、袖窿深 B/6+6 cm、胸围前后各为 B/4 的公式来设计，前片设 1 cm 的劈门。本例中 x 取 5 cm，前后肩点与袖山高间距 0.5 cm，则前袖斜比例为 15∶3，后袖斜比例为 15∶1.6。从前窿底往里进 3 cm～5 cm 定点作袖中线的垂线，以此交点作为袖山高，前袖山斜线以 AH-0.3 cm 与袖肥线相交得到前袖肥。后片袖山高与前片相等，后袖肥比前袖肥大 2 cm。

将前袖窿深线向上平移 2 cm，在摆缝与袖底线相交点以下两边各取 10 cm，两点相连，并画该线的垂直平分线与平移线相交得 O 点，过 O 点分别作摆缝和袖底线的垂线得 A 和 B，CD 平行于 E 点所在线且长度为 2 cm，连接 CO 和 DO，为便于放缝份，将 CO

和 DO 画成弧形。量取前片摆缝与袖底长度得到后片 C 点和 D 点，将后片摆缝向上延长，量取前片 COD 长得到后片 D 点，将两个 D 点连接并画垂直平分线，与腋下的垂直线相交即得到后片的 O 点，这样后片的插角口就形成了，前后插角相拼即得袖插角。（图 7-17）

三、特殊造型袖

1. 泡泡袖

泡泡袖指的是袖山泡起的袖型。本例中的泡泡袖是上下都泡起来的短袖，纸样设计时取合体一片袖的基本型，把袖长改短到相应的长度，袖口保持原形。先在袖山部位分别作两条剪切线，然后从上至下沿着袖中线剪开至最下面的一条线，并分别沿着这条线的左右两侧剪至袖山弧线，为加大泡泡效果，再分别向两边拨开一定的量，接着再剪开上面左右两条横线，拨开一定的量，连顺袖山弧线即可。缝制时上下抽细褶，即得泡泡袖。（图 7-18）

2. 喇叭袖

喇叭袖指的是袖口呈喇叭状的袖型。本例喇叭袖上下都有褶量，其纸样设计也是取合体一片袖的基本型，把袖长改短到相应的长度，然后将袖子分成若干片，剪开并平行拉开2 cm的距离，将袖山高加高3 cm，这样的喇叭袖袖山有泡势。缝制时袖山折叠，袖口让其自然敞开，即得喇叭袖。（图7-19）

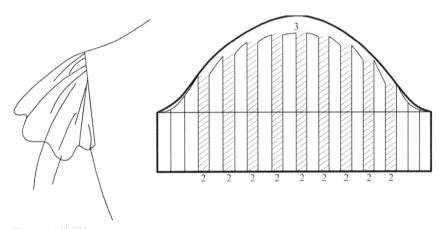

图7-18 泡泡袖

3. 灯笼袖

灯笼袖袖口肥大，呈灯笼状，多为长袖。取一片式合体袖为基本袖型，将其沿纵向分割为若干份，依次沿分割线从袖口剪开至袖山弧线，分别将其拨开3 cm，将后袖下端下放1.5 cm的量，使得袖口收紧后外侧有下垂量，重新画顺袖口弧线，缝制时袖口抽缩并装上袖卡夫即可。（图7-20）

图7-19 喇叭袖

4. 袖山折叠袖

此款袖山折叠袖是合体的窄袖，指的是袖山部位延伸成方形，袖身往前折叠形成三角形的袖子。纸样设计时，先将袖子原型缩短至袖长为23.5 cm的短袖，袖口和袖肥分别缩小5 cm和3 cm，袖山抬高1 cm，使得袖子成为高袖山的窄袖。然后将袖子从袖山线分开，过袖山高点O延伸出线段OA，在前袖山弧线上确定三角形的一个点B，连接各线，以AP为对称轴画出袖轮廓线得到C点，前后袖片展开即可。（图7-21）

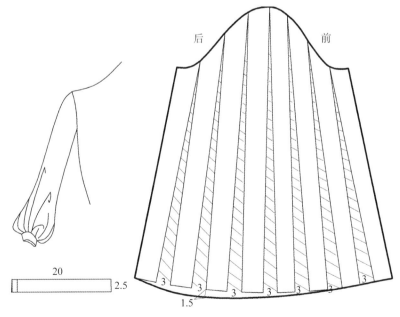

图7-20 灯笼袖

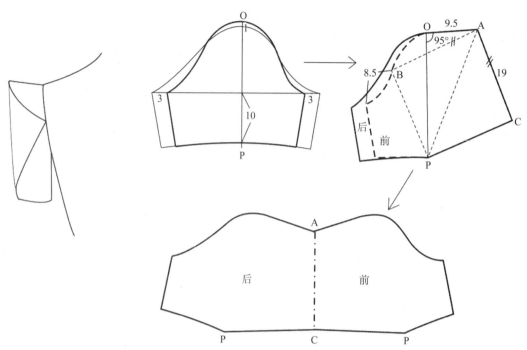

图 7-21 袖山折叠袖

5. 花瓣袖

花瓣袖顾名思义是指状如花瓣的袖子，是在一片式合体袖的基础上将袖子分割成花瓣状的袖型。将一片合体袖截至适当的长度，分别沿前后袖中线往袖内折叠关闭袖口适当的量，使得袖口变小，袖子成为合体式。沿袖内分割线剪开纸样，补上重叠部分，即可得到两片袖型的花瓣袖。（图 7-22）

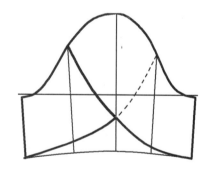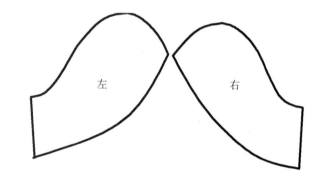

图 7-22 花瓣袖

思考与练习

1. 袖子的主要分类有哪些？袖子的构成要素是什么？

2. 袖山高与袖肥、袖窿的关系是怎样的？

3. 掌握一片袖和两片袖的结构原理和纸样设计。

4. 掌握两片插肩袖（包括宽松和合体）的纸样设计。

5. 掌握插角袖的纸样设计。

6. 选取 3～5 款特殊造型的时装袖并设计其纸样。

第八章
整装纸样设计

　　整装纸样设计综合衣身、领子和袖子的结构，按款式要求，将这些结构有机组合在一起，完成整件服装的纸样，这是服装纸样设计的综合训练，而准确分析服装的款式特点与风格是纸样设计的前提。

第一节　款式特点与纸样设计

一、款式特点分析

　　在服装企业，纸样设计通常称为打板，通过打板所得的样板称为工业样板。由于企业分工明确，打板与款式设计分别由板师与设计师完成，板师打的样板是否符合款式设计要求，就要看是否把设计师的意图及品牌风格定位都表现了出来。因此，板师在打板前要对服装款式的特点进行分析，首先对品牌要有全面的理解，能读懂款式效果图，这就给板师提出了艺术修养的要求，而具有敏锐的艺术感觉和捕捉能力及过硬的技术功底是现代板师的基本素养。其次在打板时要考虑选用材料的伸缩量、厚薄、悬垂性，适当做出尺寸调整。

二、标准样板设计

　　工业制板通常是选择系列规格中的中间号型来打制标准样板，比如，女装选 165/84A，男装选 175/92A，以此为基础经过样板推档来获得其他规格的样板，称为推板。标准样板的号型选定后，再根据款式特点设计服装部位尺寸，比如胸围、肩宽、腰围、袖窿深、前胸宽和后背宽、口袋位和大小、分割线和省的位置等。有了标准样板，就可以试做样衣，将样衣立体展示，对不合款式要求的地方进行修正再调整样板，最后再通过样衣确认。标准样板要做到尺寸精确、结构合理、造型到位、线条规范、标识清晰全面以及样板数量完整。

第二节　整装纸样设计

　　设计整装纸样时，首先要考虑胸围的加放量，大多数服装的胸围要在净胸围的基础上加放松量，但对于西洋礼服这类贴身服装可不加，而针织类有弹性的服装胸围甚至要减小。关于服装胸围的加放量，一般旗袍加放 4 cm 左右，套装加放 8 cm 左右，外套加放 8 cm ~ 16 cm，宽松造型服装的加放量则随款式的风格和穿着方式而定。

图 8-1 女衬衫着装图

一、衬衫

1. 规格设计

此款女衬衫较为贴身（图 8-1、图 8-2），胸围放量可参照旗袍，且腰、臀的放量与胸的放量相等。规格设计如下（单位：cm）：号型 165/84A，B=84+6=90，W=68+6=74，H=90+6=96，L=56，S=38，SL=58，CW=22，N=39，a=3.5，b=4.5。[1]

图 8-2 女衬衫款式

[1] 本章中 B 为胸围，W 为腰围，H 为臀围，L 为衣长（裙长），S 为肩宽，SL 为袖长，CW 为袖口大，N 为领围，a 为领座高，b 为翻领宽，单位均为 cm。

2. 纸样设计

衬衫胸围属紧身型，纸样中前后胸围分别为
$B/4+0.9\,\text{cm}$、$B/4+0.3\,\text{cm}$，这里前后胸围加放的
$1.2\,\text{cm}$ 为省损耗的量，即收省时消耗的量。由于紧身
衣服袖窿相应也较浅，可以用公式 $B/6+5\,\text{cm}$ 确定袖
窿深。丰胸量取 $2\,\text{cm}$，则胸省比为 $15:3.5$。前片
收侧胸省和腰省，后片收腰省。袖子是在前后衣身袖
窿上配制的，将前身腋下省关闭转移到侧缝上，再对
齐前后袖窿底，袖山取前后袖窿平均高度的 $5/6$，其
他部位的纸样设计与袖子基本型相同。（图 8-3）

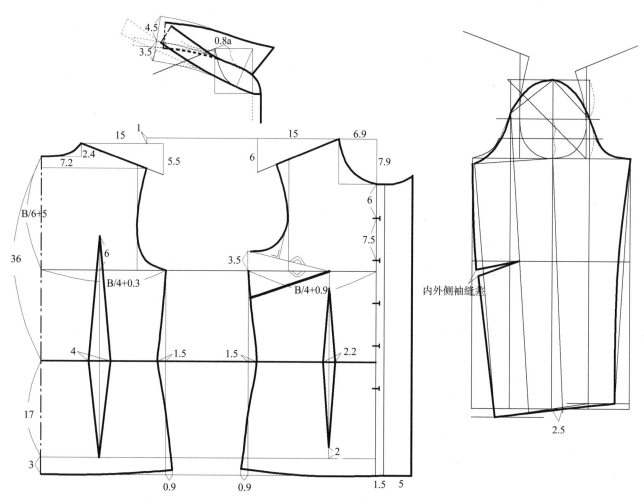

图 8-3 女衬衫纸样

二、旗袍

1. 规格设计

旗袍的长度（背中长）分生活装和礼仪装而不同，生活装在膝下 20 cm 左右，即 38 cm+60 cm（~ 70 cm）=98 cm（~ 108 cm），礼仪装接近脚面，即 38 cm+80 cm=118 cm。旗袍肩窄、腰细、端庄秀丽，符合中国传统审美。旗袍的结构较为简单，属平面结构，但工艺复杂，"三分裁七分做"在旗袍的制作中得到充分体现。归拔工艺的运用对旗袍的造型极为重要，比如腰部的拔开，臀围至开衩止点的归拔，加嵌条固定这些归拔量，做到平整美观是有一定难度的。

本例旗袍（图 8-4、图 8-5）规格设计如下：号型 165/84A，B=84+6=90，W=68+4=72，H=90+6=96，L=98，S=38，SL=25，CW=13，a=5。

图 8-4 旗袍着装图   图 8-5 旗袍款式

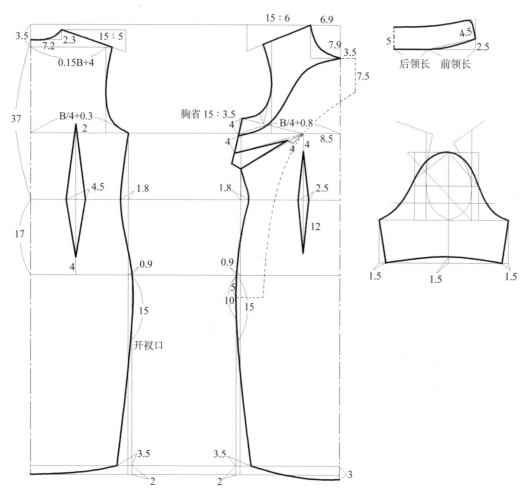

图 8-6 旗袍纸样

2.纸样设计

按女装纸样的基本型画出衣身的框架结构，旗袍下摆的收摆量为臀围线下 10 cm 的点沿侧缝至下摆距离的十分之一，以此比例定收摆量可得到较美观的效果。旗袍的襟是向右侧斜开口的，因此有大襟和小襟，小襟在前中放出 3.5 cm 宽的搭门，并且将侧胸省折叠，变成无省衣片，而大襟的胸省须保留。领子采用简单化的设计方法，前中起翘 2.5 cm 左右，使得领上口松量适当。袖子的袖山高取平均袖窿深的 5/6。（图 8-6、图 8-7）

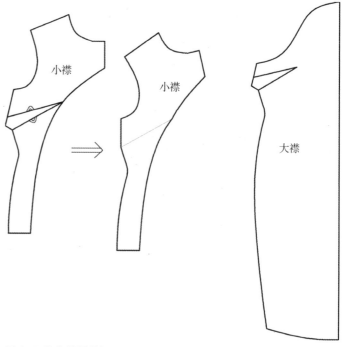

图 8-7 旗袍裁片分解

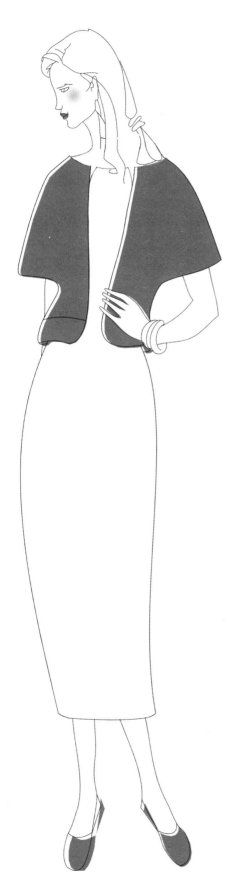

图 8-8 连衣裙着装图

三、连衣裙

1.规格设计

本例连衣裙的（图 8-8、图 8-9）号型为 165/84A，B=84+10=94，W=68+9=77，H=90+4=94，L=110，S=40，SL=20，CW=18.5，N=37，a=3。

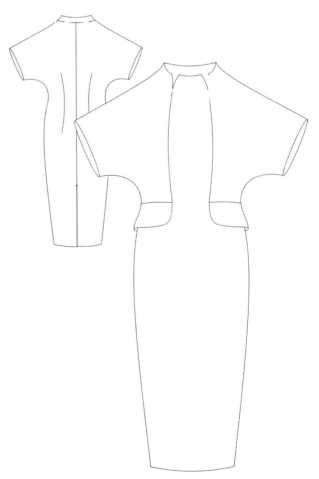

图 8-9 连衣裙款式

2．纸样设计

此款连衣裙为连袖、立领、收腰紧臀式，上下连体，腰部局部分割与腰省相接，并加袋盖。纸样上将前后衣片胸围等分，前片腋省转移至领口，从领口直接画出连立领。腰节处横向断开至腰省，断开处以双线开袋巧妙衔接，图中的虚线表示袋盖。领子是连立领的结构形式，后片与衣身领圈分割开来，前片先收领省，延伸到领子部分则不收省而开衩。袖子是直接延长肩线而得到的衣袖相连的形式，腋下宽松，褶量多。（图8-10）

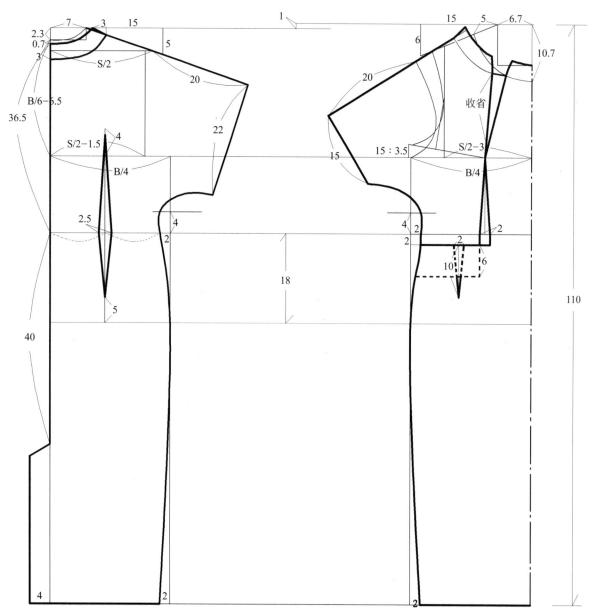

图 8-10 连衣裙纸样

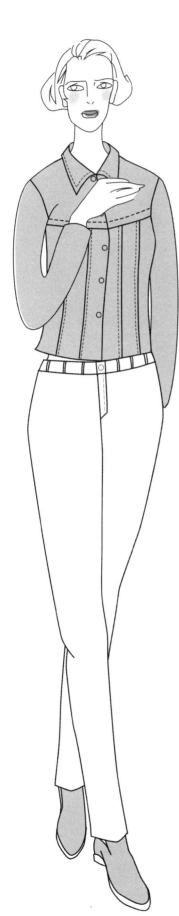

图 8-11 女夹克着装图

四、夹克

1. 规格设计

本例女夹克（图 8-11、图 8-12）号型为 165/84A，B=84+10=94，W=68+12=80，H=90+4=94，L=52，S=39，SL=58，CW=23，N=44，a=3，b=5。

图 8-12 女夹克款式

2.纸样设计

此款夹克属合身型，衣身的外结构按基本纸样设
计，前领口设计 1.2 cm 的撇胸使关门领贴合前胸而
不空松。前后片收腰省并在胸围以上横向分割，前片
还设有一条纵向分割线，关门翻领用领基圆法设计，
翻领与领座不分割。袖子用合体袖型，但属于 1.5 片
袖，即按两片袖的方法设计，再将小袖片翻转到后侧
缝，形成袖口收直省的合体袖。这种袖型比两片袖的
加工制作难度低但合体程度不如两片袖，不需归拢后
袖缝上段，前袖缝拨开的量也较两片袖少。袖山高取
平均袖窿深的 4/6 加上 1 cm，比袖山高的上限值小，
袖子活动更为方便。（图 8-13）

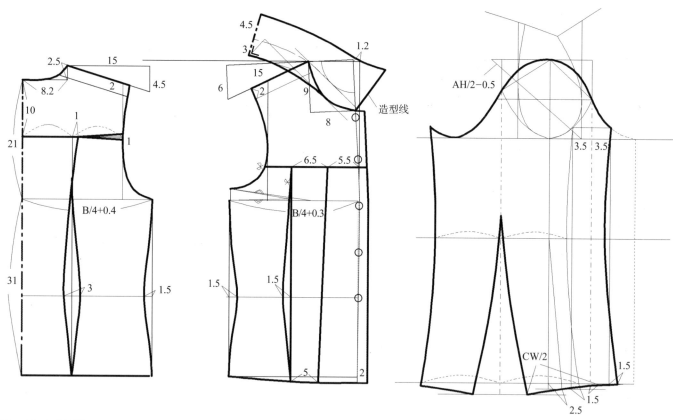

图 8-13 夹克纸样

五、套装

1. 规格设计

本例女套装（图8-14、图8-15）号型为165/84A，B=84+10=94，W=66+12=78，S=39，L=72，SL=54，CW=11，a=3.5。

图8-15 女套装款式

图8-14 女套装着装图

2. 纸样设计

本款服装的衣身结构与基本纸样的相同，前后片胸围为 B/4+0.5 cm+0.3 cm、B/4−0.5 cm+1.3 cm，0.5 cm 是前后胸围的调节量，1.3 cm 和 0.3 cm 是省损量。将肩省转到袖窿上，最后要转到侧面的分割线上。后肩省关闭一半转到袖窿后肩点抬高，重新画顺肩线和袖窿线。领子的后面是立领，前面为翻驳形式，其纸样设计既不能用立领也不能用翻驳领的方法，具体做法是将肩线往领口方向延长a的量，再与驳口点相连，将连线往肩颈点方向平移a，再平移一个a的量，肩颈点沿肩线滑落1/3的a量定A点，量取后领弧长与平移线相交点B定领底线，再按造型画出领上口线。袖子按两片装袖的方法设计，不同的是大小袖的后袖缝完全分离。（图8-16）

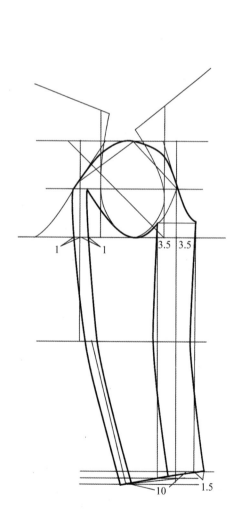

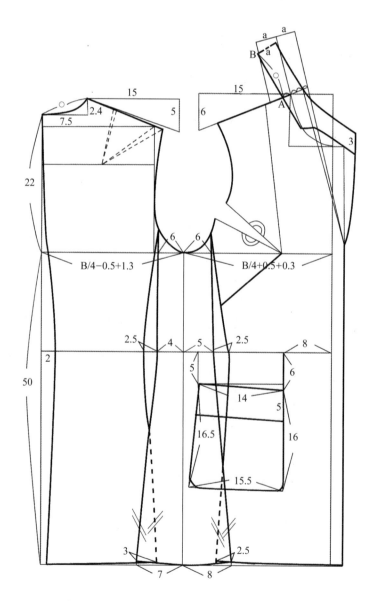

图8-16 女套装纸样

六、风衣

1. 规格设计

本例风衣（图 8-17、图 8-18）号型为 165/84A，
B=84+14=98，W=68+4=72，H=90+14=104，L=88，
S=40，SL=58，CW=13.5，N=40，a=3.5，b=6。

图 8-18 女风衣款式

图 8-17 女风衣着装图

2. 纸样设计

用女装基本纸样的设计方法绘制衣身的基本框架，前后胸围分别为 B/4+1 cm、B/4+0.7 cm，其中的 1 cm 与 0.7 cm 为省损量，后背宽 0.15B+4 cm。袖子设计为三片插肩袖，袖山高取 AH/3。领子为登驳领或称风衣领，领子设计好以后再将上下领分割，并在拼接处各分两处分别折叠 1 cm 左右的量，使得领座上凹、翻领下弯的弯度增加，重新连顺领子轮廓线。（图 8-19）

思考与练习

1. 纸样设计的流程主要有哪些?

2. 选取 3 ~ 5 款时尚女衬衫并设计其纸样。

3. 选取 3 ~ 5 款时尚连衣裙并设计其纸样。

4. 选取 3 ~ 5 款时尚女夹克并设计其纸样。

5. 选取 3 ~ 5 款时尚女套装并设计其纸样。

6. 选取 3 ~ 5 款时尚女风衣并设计其纸样。

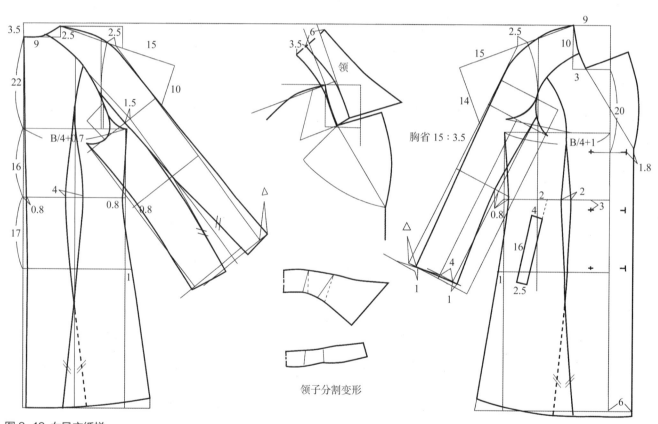

图 8-19 女风衣纸样

第九章
男装纸样原理与设计

从服装发展历程来看，男装是历史上的主要服装，而女装的结构是从男装借鉴过来的。但男装的发展却不像女装那样变化丰富，男装的款式及其搭配具有程式化和保守性的特点，其设计贯穿功用性，强调的是服装的功能，相对于女装的飘逸、活泼和浪漫，男装体现的是持重、理性和刚健，并常通过工艺归拨的手段来塑造修身合体的效果，而很少像女装那样运用收省、抽褶等手法。

第一节　男装基本型

男装的款式设计较为保守，服装的大形态变化较小，主要是在细节上做设计。男装风格大体上分为宽松休闲型和合体正装型，以此作为各类男装的基本型。

男装常常以劈门的形式来为前身胸部以上和腹部以下去掉浮余量，所以男装劈门分为胸劈门和肚劈门，胸劈门是为满足胸部球面凸起的需要设计的，肚劈门则是针对凸肚体的凸肚量而设计的。对于标准体男装，一般只有胸劈门。胸劈门又由基础胸劈门和补偿胸劈门构成，基础胸劈门由胸部凸起程度决定，一般为 0.5 cm ~ 1 cm，补偿胸劈门是指工艺制作过程中产生的劈门量，包括工艺归门补偿（补偿 1 cm ~ 1.2 cm）和缝纫皱缩补偿（每辑一次线补偿 0.5 cm 左右）。

男装基本纸样的采寸也是基于标准中间体的尺寸，标准中间体号型取 175/92A，各主要部位尺寸为身高 175 cm，胸围 92 cm，腰围 78 cm ~ 80 cm，臀围 94 cm ~ 96 cm，肩宽 45 cm，颈围 40 cm。

一、宽松类上衣基本型

1. 规格设计

宽松类男装上衣基本型（图 9-1）选取中间号型 175/92A，主要部位的规格设计如下（单位：cm）：B=92+20=112，S=45+4=49，N=38（~ 40）+2=40（~ 42），腰节长 =G/4（G 表示身高）=43.75。[①]

2. 纸样绘制

（1）画长为 B/2、宽为腰节长的长方形。

（2）从上平线往下量 B/4-0 cm(~ 1 cm)定袖窿深线。

---

① 本章中B为胸围，W为腰围，H为臀围，L为衣长（裤长），S为肩宽，SL为袖长，CW为袖口大，N为领围，CF为袖卡夫宽，a为领座高，b为翻领宽，单位均为cm。

（3）将袖窿深线二等分画一垂线定为侧缝线。

（4）以0.2N−0.3cm（~0.4cm）定后横开领大，后直开领为定寸2.4cm~2.5cm，前横开领比后横开领小0.3cm~0.5cm，前直开领比前横开领大1cm。

（5）后肩斜为15：5，前肩斜为15：6。

（6）以肩宽/2定后肩点，以1.5cm冲肩量定背宽线，胸宽＝背宽−0.5cm（~1cm），前小肩与后小肩长度相等。

（7）画顺领窝弧线和袖窿弧线。

二、合体类上衣基本型

1. 规格设计

合体类男装上衣基本型（图9-2）选取中间号型175/92A，主要部位的规格设计如下：B=92+16=108，S=45+2=47，腰节长−G/4=43.75。

2. 纸样绘制

（1）画长为B/2、宽为腰节长的长方形。

（2）从上平线往下量B/4−0cm（~1cm）定袖窿深线。

（3）将袖窿深线二等分画一垂线定为侧缝线。

（4）后横开领大为B/20+3.5cm，后直开领为定寸2.3cm，前横开领比后横开领小0.3cm~0.5cm，前直开领分别为6cm和4cm，胸劈门设为2.5cm。

（5）后肩斜为15：5，前肩斜为15：6。

（6）以肩宽/2定后肩点，以1.5cm冲肩量定背宽线，胸宽＝背宽−2cm（~3cm），前小肩比后小肩的长度短1cm，便于归拨出肩胛省的量。

（7）画顺领窝弧线和袖窿弧线，前后小肩线分别在中间外凸0.3cm和内凹0.2cm画弧线。

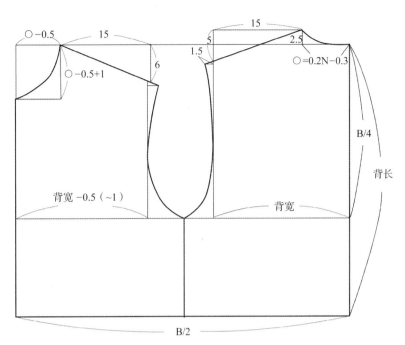

图9-1 宽松类原型

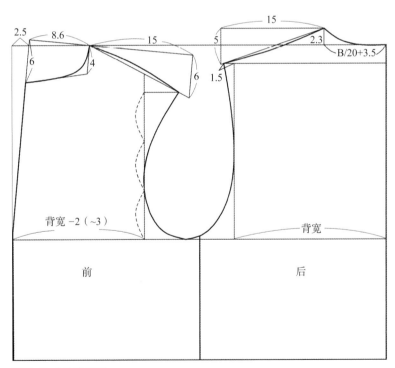

图9-2 合体类原型

图9-3 男衬衫着装图

第二节 男装主要品类纸样设计

一、衬衫

1. 标准衬衫

标准衬衫是指与西装组合穿着或打领带外穿的衬衫，属于正装（图9-3、图9-4）。款式特点是具有翻立领与翻门襟，过肩设计肩覆势，左胸有一个贴袋，袖口开衩，开衩条为宝剑头式样。

（1）成衣规格设计

号型175/92A，成衣规格设计为 $B=92+24=116$，$L=74$，$S=45+4=49$，$SL=61$（含袖卡夫长），$N=40+2=42$，用于公式计算的 N 是指领底围，故需在领中围的基础上加上2 cm，$CF=6$，$CW=24$，$a=3.5$，$b=4.5$。

图9-4 男衬衫款式

（2）成衣纸样设计

此款衬衫胸围放量24 cm，属于宽松服装。为了弥补由于宽松导致的后背起翘，后片在后中上抬2 cm。后片的肩覆势取横纱，以后中心线对称，中间不破缝。肩覆势下方的衣片横向收2 cm～2.5 cm的省，肩覆势与衣片间位于袖窿处纵向收1.2 cm的省。其他部位的设计与男装宽松类基本型相同，只是前肩斜抬高了1 cm，后肩斜放低了1 cm，以使前后袖窿取得平衡。前肩部2 cm宽长条裁下后拼到后肩上与肩覆势整合在一起，这样肩线就前移了。前后侧缝下摆各收1 cm，使得衬衫塞进裤子里穿着不会堆积太多。

袖子的袖山深取11 cm左右，因为宽松袖的吃势较小，前袖山斜线以前AH−0.3 cm计算，后袖山斜线以后AH−0.3 cm定，袖口加两个2 cm的褶。（图9-5）

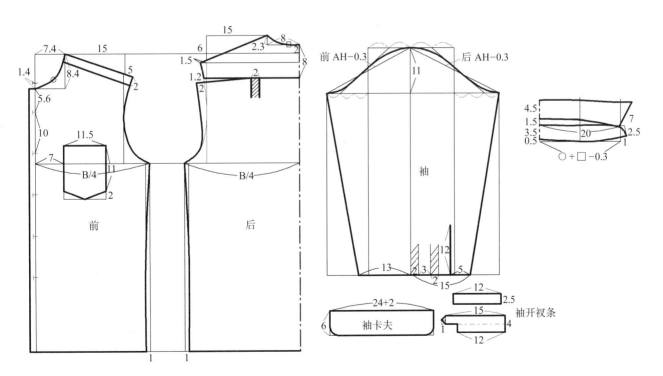

图9-5 男衬衫纸样

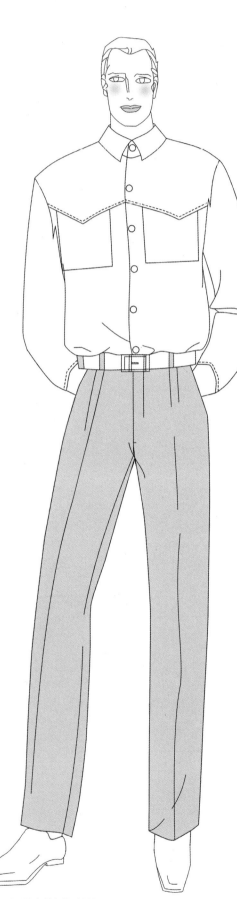

图 9-6 男合体衬衫着装图

2. 合体衬衫

合体衬衫（图 9-6、图 9-7）的胸围松量较小，胸前两个贴袋，衣身有分割设计。

（1）成衣规格设计

号型 175/92A，成衣规格设计为 B=92+12=104，L=72，W=78+14（～ 16）=92（～ 94），S=45 ～ 46，N=40+2=42，SL=62（含袖卡夫宽），CF=6，CW=24，a=3.5，b=4.5。

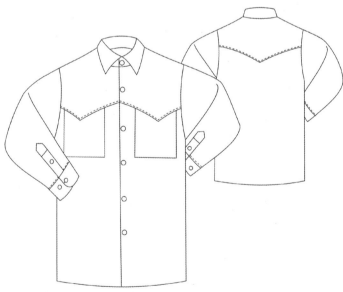

图 9-7 男合体衬衫款式

（2）成衣纸样设计

合体衬衫后身不会起翘，所以后中高点不用抬高。前肩斜比值为 15 : 6，后肩斜比值为 15 : 5，前胸宽比后胸宽小 1 cm 左右，前后片侧缝处下摆各收 1 cm，腰部也收进 2 cm ～ 2.5 cm。前后片有斜向折线分割，分割位置依据款式图来定。

袖山高取 13 cm ～ 14 cm，前袖山斜线取前 AH，后袖山斜线取后 AH−0.5，袖口不加褶，但也开衩。（图 9-8）

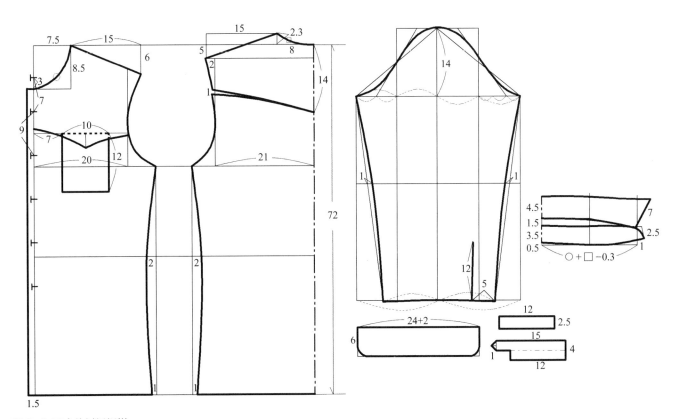

图 9-8 男合体衬衫纸样

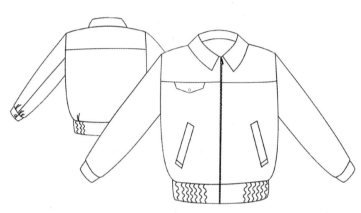

图 9-10 男夹克款式

图 9-9 男夹克着装图

二、夹克

1. 成衣规格设计

本款夹克（图 9-9、图 9-10）取号型 175/92A，成衣规格设计为 B=92+28=120，L=70，W=78+14（～ 16）=92（～ 94），S=45+6=51，N=42+8（～ 10）=50（～ 52），SL=59，CF=6，CW=26，a=3.5，b=6.5。

2. 成衣纸样设计

这款夹克前门襟装拉链，露出链齿。下摆装 5 cm 宽松紧带，袖口装袖卡夫并开衩。前后衣身胸围都以 B/4 设计，后背有横向分割并在袖窿处收省，袖子在后片也有分割，袖子分割目的之一是出于风格而设计，二是为了加大袖口避免袖肥处出尖影响袖身平衡。领子若要分割则可按翻立领的分割方法设计。（图 9-11）

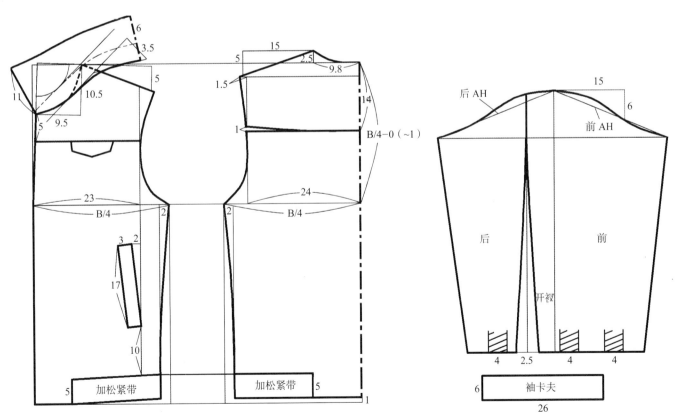

图 9-11 男夹克纸样

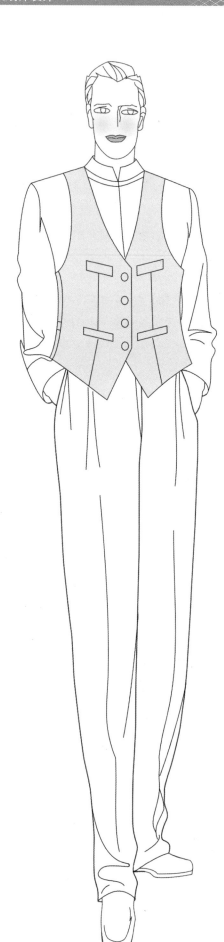

三、马甲

此款马甲为正装马甲（图9-12、图9-13），是男士配搭在西服里面、衬衫外面穿的服装。

1. 成衣规格设计

取号型175/92A，成衣规格设计为B=92+10=102，L=60，W=78+7=85，小肩宽=10～11。

2. 成衣纸样设计

马甲是合体服装，其结构以西服类基本型为基础。由于马甲无袖，劈门设计量可以比有袖的服装小些，这里取1.5 cm。后片收省的省尖消失在胸围线以上，收省会使胸围产生约2 cm的损失，此外，后片胸围向前片借2 cm，使侧缝线前移，故后片胸围计算公式为B/4+3 cm（其中1 cm为省损量），前片胸围是B/4-2 cm。腰省大可以这样计算，图中前后片腰大减去成品腰的一半得到5，即腰省大为5 cm，分配给后片3.5 cm、前片1.5 cm即可，袖窿深为B/4+3 cm。

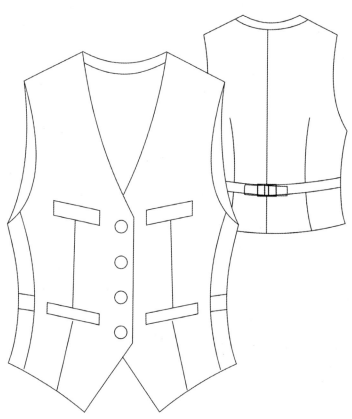

图9-12 男马甲着装图

图9-13 男马甲款式

马甲的胸袋和下袋的长都可计算得到，胸袋长为 B/10-2 cm，下袋长为 B/10+2 cm。此款马甲的外层前身为面料，后身为里料，内层全是里料，后领口有约 1 cm 宽用面料做的过桥，过桥从前颈点往领圈方向斜 0.5 cm，缝制前将其归拨成后领圈形状。（图 9-14）

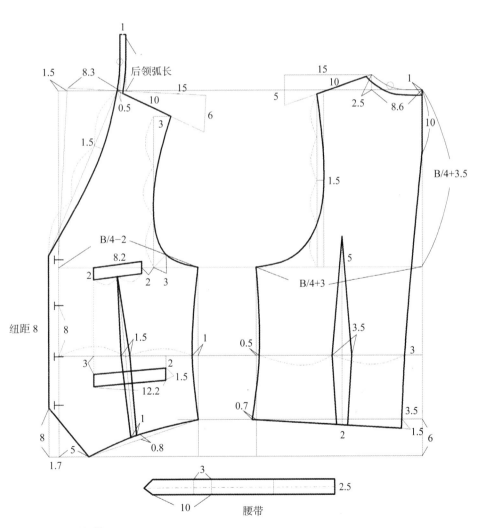

图 9-14 男马甲纸样

图 9-15 男西服着装图

四、西服

1. 成衣规格设计

取号型 175/92A，成衣规格设计为 B=92+18=110，L=76，S=45+2=47，W=78+20=98，SL=60。

2. 成衣纸样设计

西服（图 9-15、图 9-16）的纸样要设计成修身合体的三开身，也就是将半身分成前、侧、后三片，前片与侧片的分割位于胸宽线偏往窿门 4 cm 处，后片与侧片的分割位于背宽线的四分之一与袖窿的相交处。

劈门设定为 2.5 cm，后颈中点比前肩颈点低 1 cm，后横开领大为 B/20+3.5 cm，后直开领为 2.4 cm，前横开领比后横开领小 0.3 cm，前直开领分别为 4.5 cm 和 3 cm，驳头宽 7 cm。本例设计成高串口窄驳头形式。

图 9-16 男西服款式

前片与侧片的摆缝下端对齐时，上端间距控制在 2.5 cm。侧片在胸围处的宽度为 B/2 减去前后片胸围处的宽度再加上 0.5 cm～1 cm 的调节量，调节量是为防止缝制后胸围变小，即 55 cm−43.5 cm+0.5 cm（～1 cm）=12 cm（～12.5 cm），侧片腰部的宽度为 W/2 减去前后片腰围处的宽度再减去 0.5 cm 的调节量，即 49 cm−37.5 cm−0.5 cm=11 cm。前片摆缝和侧片左边摆缝的腰以下斜线保持同倾斜，即倾斜度相同，后片摆缝和侧片右边摆缝的腰以下斜线保持同倾斜，侧开衩的两条斜线保持同倾斜。

大袋采用双线开袋形式，从口袋的左端往右 2 cm 处收一个 1 cm 的腰省，在摆缝的口袋位劈掉 0.5 cm 的重叠量，袋下摆缝缩进 1 cm，以使收腰省后口袋上下端平齐。

男西装袖的纸样设计与女装不同，其尺寸的控制精确度更高。袖山高 O 点的位置是这样定的：先往窿门方向离开胸宽线 0.3 cm 找一个与袖窿相交的 C 点，连接 CA 并量其直线距离，从 C 点往袖山高线画一直线 CO，使其长度为 CA+0.8 cm～CA+1 cm，O 点即为袖山高点。再通过 BI（BI 为 2.3 cm～2.5 cm）定 I 点，EF 弧线长 +1 cm=OG，由此找到 G 点，ED 弧线长 +1.5 cm（～1.7 cm）=DH，由此找到 H 点，这样就可以完整画出袖山弧线。为使袖子稍向前倾斜以符合男西装的着装惯例，本例以 15：1.2 的比例定袖倾斜度，因为有袖倾斜，小袖弧线底部高出袖窿底 0.5 cm，H 和 G 也在 E 点上抬高 0.5 cm。（图 9-17）

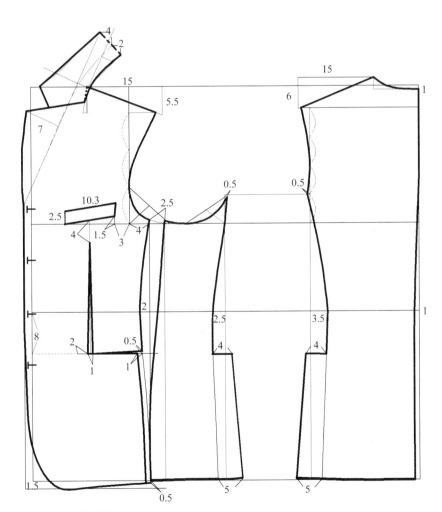
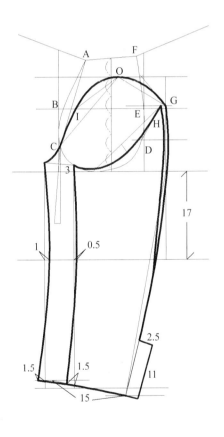

图 9-17 男西服纸样

五、西裤

1. 规格设计

本例西裤为直筒型（图9-18），取号型175/78A，成衣规格设计为L=107，H=94+8=102，W=78+2=79，裤口大=22，中裆大=24，腰宽=3.5。

2. 纸样设计

西裤的主要部位计算公式为：直裆=H/4-1 cm，前片臀围=H/4-0.5 cm，后片臀围=H/4+0.5 cm，小裆宽=0.04H，大裆宽=0.11H。（图9-19）

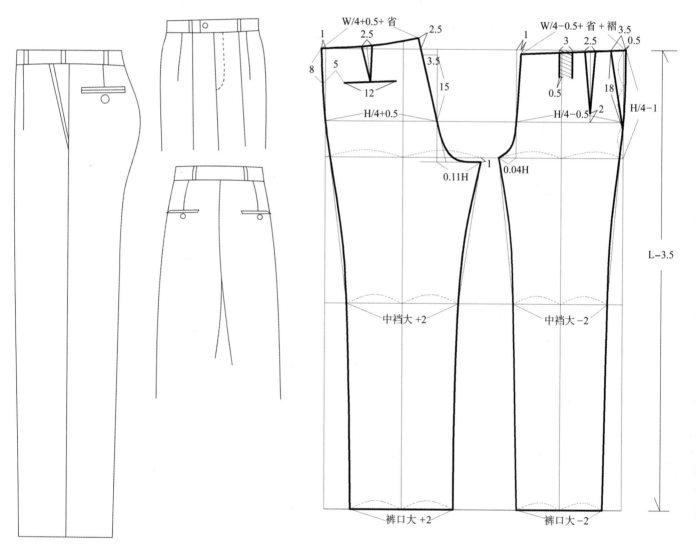

图9-18 男西裤款式   图9-19 男西裤纸样

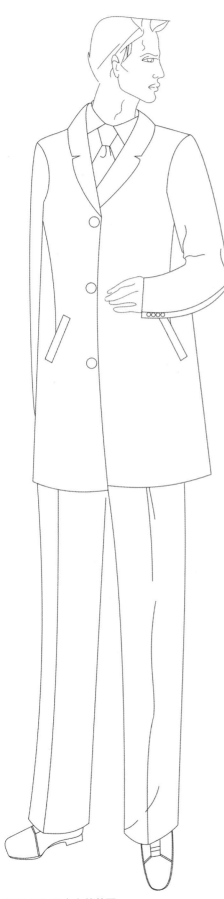

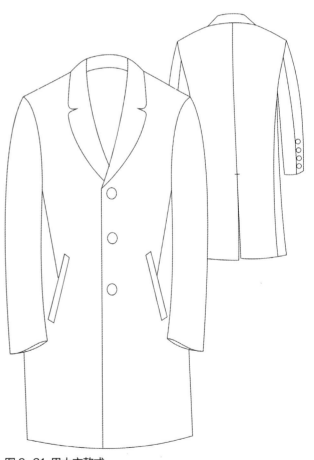

六、大衣

1. 规格设计

本款大衣为合体式样（图 9-20、图 9-21），取号型 175/92A，成衣规格设计为 B=92+26=118，L=95，S=49，SL=61，CW=16，a=4，b=6.5。

图 9-21 男大衣款式

图 9-20 男大衣着装图

2. 纸样设计

由于大衣的用料厚重，其结构处理应比西装的结构简化些才有利于工艺制作。故大衣结构作两开身带收腋省处理，将前片与侧片连为一体，通过收腋省去掉侧身的一些浮余量。此外，摆缝的腰节处收进1.5 cm，以衬托下摆的放量。后开衩，两片装袖，袖子的纸样设计同西装袖。（图9-22）

思考与练习

1. 男体体型及男装基本纸样特征是什么？

2. 如何绘制男装宽松与合体基本型纸样？试比较两者差异。

3. 怎样设计男装标准衬衫纸样？

4. 怎样设计男装西服、马甲和西裤纸样？

5. 试根据时装杂志或自行设计的三款男装夹克设计其纸样。

6. 试根据时装杂志或自行设计的两款男装大衣设计其纸样。

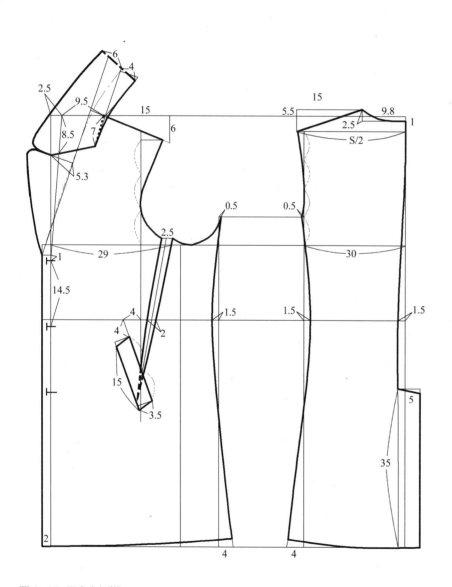
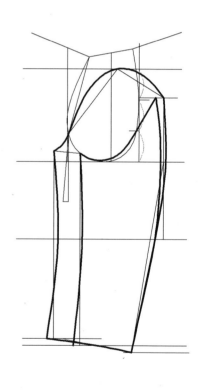

图9-22 男大衣纸样

参考文献

[1] 张文斌 . 服装结构设计（第 2 版）[M]. 北京：中国纺织出版社，2021 .

[2][美] 欧内斯廷·科博，等 . 服装纸样设计原理与应用 [M]. 戴鸿，刘静伟，等译 . 北京：中国纺织出版社，2000 .

[3] 刘瑞璞 . 服装纸样设计原理与应用（女装篇）[M]. 北京：中国纺织出版社，2008 .

[4] 刘瑞璞 . 服装纸样设计原理与应用（男装篇）[M]. 北京：中国纺织出版社，2008 .

[5] 李健丽 . 服装结构设计与 CAD[M]. 武汉：湖北美术出版社，2006 .

[6][英] 娜塔列·布雷 . 英国经典服装纸样设计（提高篇）[M]. 刘驰，袁燕，等译 . 北京：中国纺织出版社，2001 .

[7] 肖文陵 . 服装人体素描（第二版）[M]. 北京：高等教育出版社，2004 .

[8][日] 中泽愈 . 人体与服装——人体结构·美的要素·纸样 [M]. 袁观洛，译 . 北京：中国纺织出版社，2000 .

[9] 吕学海 . 服装结构制图 [M]. 北京：中国纺织出版社，2002 .

[10] 中华人民共和国国家质量监督检验检疫总局，中国国家标准化管理委员会 .

服装号型 男子：GB/T1335.1—2008[S]. 北京：中国标准出版社，2008 .

[11] 中华人民共和国国家质量监督检验检疫总局，中国国家标准化管理委员会 .

服装号型 女子：GB/T1335.2—2008[S]. 北京：中国标准出版社，2008 .

[12] 中华人民共和国国家质量监督检验检疫总局，中国国家标准化管理委会 .

服装术语：GB/T15557—2008[S]. 北京：中国标准出版社，2008 .

[13] 成月华，王兆红 . 服装结构制图 [M]. 北京：化学工业出版社，2007 .

[14] 娄明朗 . 最新服装制板技术（第二版）[M]. 上海：上海科学技术出版社，2011 .

[15] 张孝宠，桂仁义 . 服装打板技术全编（修订本）[M]. 上海：上海文化出版社，2005 .

[16] 刘东，等 . 服装纸样设计（第 3 版）[M]. 北京：中国纺织出版社，2014 .

[17] 李正 . 服装结构设计 [M]. 上海：东华大学出版社，2015 .

[18] 魏静 . 服装结构设计 [M]. 北京：高等教育出版社，2006 .